水科学博士文库

Damage Diagnosis and Safety Monitoring of Aqueduct Structure Based on Multiple Information Fusion

多元信息融合的渡槽结构损伤诊断与安全监测

黄锦林　张建伟　李兆恒　著

中国水利水电出版社
www.waterpub.com.cn
· 北京 ·

内 容 提 要

渡槽作为一种跨越式的空间薄壁输水建筑物，广泛应用于农业灌溉工程和跨流域调水工程中，为实现水资源优化配置发挥了不可替代的作用。在渡槽的实际运行过程中，复杂工况下渡槽的损伤诊断和安全监测问题一直是研究的重点。本书以“渡槽结构-水体-地基-动荷载”为四位一体耦联动力系统，开展基于环境激励的渡槽结构多元信息融合损伤诊断与安全监测研究，结合具体工程，从渡槽振动系统输入、响应输出入手，应用数字信息处理技术和模态参数辨识技术分析渡槽振动特性，探究渡槽结构损伤破坏规律，融合多元信息技术对渡槽结构运行状况进行诊断与预测，取得了具有实用价值的创新性研究成果。

本书可供水利水电工程设计人员、技术人员和管理人员阅读，也可作为高校相关专业师生的参考书。

图书在版编目（CIP）数据

多元信息融合的渡槽结构损伤诊断与安全监测 / 黄锦林，张建伟，李兆恒著. -- 北京 : 中国水利水电出版社，2021.4

（水科学博士文库）

ISBN 978-7-5170-9174-5

Ⅰ. ①多… Ⅱ. ①黄… ②张… ③李… Ⅲ. ①渡槽－损伤(力学)－诊断②渡槽－安全监测 Ⅳ. ①TV672

中国版本图书馆CIP数据核字(2021)第044900号

书　　名	水科学博士文库 **多元信息融合的渡槽结构损伤诊断与安全监测** DUOYUAN XINXI RONGHE DE DUCAO JIEGOU SUNSHANG ZHENDUAN YU ANQUAN JIANCE
作　　者	黄锦林　张建伟　李兆恒　著
出版发行	中国水利水电出版社 （北京市海淀区玉渊潭南路 1 号 D 座　100038） 网址：www.waterpub.com.cn E-mail：sales@waterpub.com.cn 电话：（010）68367658（营销中心）
经　　售	北京科水图书销售中心（零售） 电话：（010）88383994、63202643、68545874 全国各地新华书店和相关出版物销售网点
排　　版	中国水利水电出版社微机排版中心
印　　刷	天津嘉恒印务有限公司
规　　格	170mm×240mm　16 开本　13 印张　187 千字
版　　次	2021 年 4 月第 1 版　2021 年 4 月第 1 次印刷
印　　数	001—800 册
定　　价	**80.00** 元

前言

QIANYAN

我国国土面积辽阔，地形条件极其复杂，常年受大陆性季风气候影响导致降水时空分布严重不均衡，“南多北少、东多西少”是我国水资源的整体特征。渡槽作为一种常见的空间薄壁输水结构，自出现之日起就被广泛地应用于各种灌溉工程和调水工程中，为解决我国水资源时空分布不均问题发挥了举足轻重的作用。

渡槽在我国已有2000年以上的历史，中华人民共和国成立以后，随着农业灌溉及其他用水不断增长的需要，我国投入大量生产资料用于大型渡槽工程的建设，例如，在东深供水工程、南水北调工程、引汉济渭工程、引黄入晋工程以及滇中引水工程等大型水利工程中都可以见到渡槽，这些引调水工程都具有从水资源丰富的地区引水经长距离输送运达水资源贫乏地区的相同特征，促进了工程沿线区域经济的蓬勃发展，给人们的生产生活带来极大的便利。

毫无疑问，渡槽在灌溉和调水工程中发挥着无可替代的作用，然而由于其结构自身具有“头重脚轻”的典型特征，所受的荷载具有一定的复杂性。在承担长距离调水任务中，渡槽可能会处在地震区，一旦地震灾害发生导致结构损伤或完全坍塌，会给沿线地区或城镇带来不可估量的经济损失，按照《水工建筑物抗震设计规范》(GB 5124—2018) 中“小震不坏，中震可修，大震不倒”的要求，研究渡槽结构在地震荷载中能否安全运行十分关键。渡槽的另一个特征是结构高耸，这种结构形式存在的问题就是迎风面积较大，长期处于脉动风荷载作用下的渡槽也十分容易损坏。因此，开展渡槽结构损伤诊断与安全监测研究是十分必要的，其研究内容和技术理论可以为渡槽工程设计和安全运营提供技术支持和有效指导，也可为类似工程的维护和健康诊断提供借鉴参考。

本书系统介绍了作者团队近年来关于渡槽损伤诊断与安全监测方面的最新成果，全书共8章：第1章总体介绍渡槽结构在损伤诊断与信息融合监测方面的研究成果及发展方向；第2章介绍渡槽结构特征信息提取理论与方法；第3章介绍渡槽结构有限元模型修正与测点优化布置方法；第4章介绍渡槽结构动力损伤数值分析理论；第5章进行渡槽结构损伤破坏规律研究；第6章进行渡槽结构易损性分析研究；第7章介绍信息融合渡槽结构损伤诊断理论方法；第8章进行渡槽结构安全监测与振动预测研究。

本书是在作者承担的广东省水利科技创新项目（No. 2017.16）、河南省高校科技创新人才计划（No. 18HASTIT012）和国家自然科学基金项目（No. 51679091）研究成果的基础上完成的。为本书付出辛勤劳动的还有张天恒、华薇薇、赵建军、程梦然、李紫瑜、李洋、武佳谋、杨灿等。感谢华北水利水电大学赵瑜教授、徐存东教授对作者的无私帮助，感谢甘肃省景泰川电力提灌管理局和广东省罗定市引太工程管理处领导在渡槽原型测试上给予的大力支持。

由于作者的学识和水平有限，难免存在疏漏、不妥或错误之处，恳请读者与专家指正。

作者

2020年11月

目录
MULU

第1章　绪　　论

1.1　研究背景

水是生命之源，也是促进经济社会快速发展的重要资源。淡水资源仅占世界水资源总量的2.5%，在这微小的占比中还有约1/7的淡水被冻结于冰山和极地地区，人类真正可以使用的淡水资源少之又少。我国的淡水资源占全球总量的6%，世界排名第6位，但人均占有量只有世界水平的1/4。我国国土面积辽阔，地形条件极其复杂，常年受大陆性季风气候影响，导致降水时空分布严重不均衡，“南多北少、东多西少”是我国水资源的整体特征。

为了缓解我国水资源的极端不均现象，跨流域调水成为了首选的水资源调配方式，渡槽等一系列引输水建筑物应运而生。渡槽作为一种常见的空间薄壁输水结构，自出现之日起就被广泛应用于各种调水灌溉工程中，为解决我国水资源时空分布不均问题发挥着举足轻重的作用。我国的渡槽雏形最早出现在西汉时期，当时出现的木质渡槽极易损坏，维修困难重重，且使用周期不长，因而逐渐被石质渡槽所取代。然而石质渡槽也存在着单跨距离短、输水流量小的问题，这种状况一直持续到20世纪中叶钢筋混凝土结构的普及才真正得到解决，钢筋混凝土渡槽的出现极大地提高了跨时空调水的效率。

中华人民共和国成立以来，我国曾投入大量生产资料用于大型渡槽工程的建设，例如，在东深供水工程、南水北调工程、引汉济渭工程、引黄入晋工程以及滇中引水工程等大型水利工程中都可以见到渡槽。这些引调水工程具有相同的特征，都是从水资源丰富的地区引水，经过长距离的输送运达水资源贫乏的西北和华北内陆，为工程沿线地区经济的蓬勃发展和人类的生产生活带来极大的便利。

1.2 渡槽结构动力分析研究现状

1.2.1 水体-结构相互作用

槽身和水体之间耦合作用的实现一直是困扰着学者们进行渡槽结构自振特性和动力响应研究的一大难题。当动力荷载作用于渡槽结构时，结构将受到静水压力和动水压力的共同作用。为了攻克这一问题，国内外学者进行了大量的尝试并不断改进其方法。1933年，威斯特卡德开创性地提出了动水压力附加质量的概念并将其实践于刚性坝面，该方法一直被运用至今。随后，大批学者对威斯特卡德附加质量公式的假定条件做出了修改。随着大型数值分析软件的使用和推广，我国学者也针对渡槽结构的流固耦合问题进行了大胆的创新并取得不小的成就。李遇春等采用边界元理论模拟了流体对槽身的非线性作用，研究得到非线性流体在强震作用下会对槽身产生巨大的横向作用。戴湘和等将威斯特卡德附加质量方法应用于南水北调穿黄渡槽，在多工况条件下对其进行地震模拟，结果表明：水体的存在明显加大了渡槽的滑动位移，在结构抗震计算中不可忽视水体的影响。丁晓唐等改进了之前学者运用威斯特卡德附加质量仅考虑单槽结构的情况，将附加质量推广到多槽结构，通过计算得出涉及排架高度的动水压力公式。吴红华等指出威斯特卡德公式是由半无穷大水域得到的，若要将之应用于渡槽结构需要乘以一个折减系数来提高精度。徐梦华为了弥补现有流固耦合模型的缺点，依据结构动力学理论，结合二维和三维的方法提出了梁壳耦合模型并验证其合理性。刘云贺通过假设流固层是由许多对点接触组成，经拉格朗日乘子法构建内侧界面满足力学性能一致的系统，从理论层面验证其正确，为构建真正的流固耦合理论奠定了基础。吴轶等在某U形渡槽模型上尝试了采用任意拉格朗日-欧拉法模拟流体晃动，由谐波和地震两种分析方法总结出水体晃动具有显著的非线性特点。

根据上述学者的研究现状可知，当前用于模拟渡槽结构水体与槽体相互作用的方法主要有直接流固耦合法和威斯特卡德附加质量法，这两种方法都可以取得一定的效果，然而这并不说明渡槽内壁的动水压力就完全被解决，例如，在水工结构抗震规范中就推荐了Housner弹簧质量体系来模拟脉冲压力和对流压力，本书对Housner模型与直接流固耦合模型进行了对比，进一步探讨了水体与槽身的耦合问题。

1.2.2 地震动输入方法与无限域地基辐射阻尼效应

随着学者研究的深入，地震动响应中地基的模拟方法也在不断地改进，刚开始的时候没有考虑实际的地基具有弹性性能致使计算结果效果不佳，随后弹性地基就出现在视野之内并取得较好的效果，但人们仍然发现弹性地基也不能很好的模拟实际状况，因此能模拟无限域地基辐射阻尼效应的黏弹性边界地基就开始被学者广泛接受。地震输入方式也由原来的均匀输入到现在考虑地震波传播存在空间变化的非均匀输入。

关于地基模拟方法的选择，学者们一直刻苦钻研。1969年，Lysmer和Kulemeyer最早提出黏性边界的概念，在有限人工边界上布置阻尼器用来吸收散射波的能量。1980年，美国学者Clough开创性地提出无质量地基的定义，人为地将地基的密度设置为零或赋予其一个接近零的值，该模拟方法考虑了地基的弹性性能，将地震加速度时程赋予无质量地基边界时，地震波就会瞬间抵达地表，因此地震波在传递过程中不会被放大。Deeks在Lysmer黏性边界的基础上，在有限边界上设置弹簧阻尼器，不仅可以吸收入射波能量，还可以吸收反射波能量，该方法更加精确有效。在黏弹性人工边界提出之后，我国学者刘晶波通过深入的研究将之推向高潮，不但提高了黏弹性边界的使用精度，而且使其在二维和三维得到了实现。赵密等在改进了三维黏弹性边界原理的同时，还提出了将地震转化为等效载荷的运算方法，并验证了合理性。2002年，廖振鹏首次提出透射人工边界的概念，其实现原理就是对单子波的透射误

差再进行 N 次透射同时结合波速建立了透射理论。透射人工边界也存在着飘移的缺陷，学者们也针对该问题进行了修改和补正。

经过长期的学习和研究，人工边界的优势和不足也逐渐被人们检验出来：

（1）无质量地基模型。无质量地基不能考虑无限远域地基的辐射阻尼作用，当地震波传入有限边界地基后能量由于边界的阻隔而发生反射作用，使原来的波源能量产生振荡导致水工建筑物的位移和应力响应增大；另外，无质量地基也不能考虑地震波的非均匀输入，在建筑物较小时无质量地基具有一定的准确性，但如果地基的某向跨度很大时，地震波就不能实现同步输入，此时就需要思考地震波的非均匀输入方法。

（2）黏性边界地基。黏性边界通过在有限边界的周围设置阻尼器，这个方法可以吸收波源的能量，但该边界只考虑了吸收能量，而未考虑到地基的弹性作用，导致地基无法恢复到原来的状态，因此在低频的情况下会发生整体的飘移。

（3）黏弹性人工边界。黏弹性人工边界是在黏性边界的基础上在地基周围添加弹簧，利用弹簧的弹性作用使地基恢复到原来的位置，该方法在模拟地基的问题上具有一定的优越性。

（4）透射边界。透射边界是需要多次透射来提高计算的准确性，这就要求在原有边界的周围增加一部分有限单元，单元数量的增加就会带来更大的计算量。

1.2.3　混凝土损伤开裂模拟

一般情况下，学者在进行水工结构静动力响应分析的时候会默认混凝土材料处于线弹性阶段且具有各向同性的特征。众所周知，当混凝土材料在受到超出弹性极限的拉压载荷时，材料会进入塑性变形阶段，即使在荷载卸去后也会保留一部分残余变形。渡槽结构在设计加速度的地震动响应中材料处于线弹性阶段，随着地震动的增大达到设计加速度的2倍甚至更高时，混凝土就进入非线性损伤阶段。为了探索渡槽在强震作用下的真实运行状态，在混凝土材料

属性加入塑性损伤本构，分析材料损伤给渡槽整体带来的影响，为结构安全评价和除险加固提供理论依据。

1976年，Dougill开创性地将损伤力学知识引入混凝土材料的研究，提出混凝土非线性开裂是材料的刚度锐减导致的。该理论在当时处于最初的萌芽状态，随着后继学者的进一步探索使得混凝土损伤研究蓬勃发展起来，从早期的弹性到塑性，再到后来的弹塑性，研究层次一直在不断的深入。

2012年，我国学者刘军对混凝土的力学性能、损伤机理和各向异性、弹塑性及非局部化损伤模型进行了宏观系统性的总结，并使用不可逆热力学原理改进了各向同性和各向异性损伤本构模型，他认为虽然纯损伤或者软化塑性模型在某种特定的条件下可以得出较好的效果，但若要得到复杂的混凝土宏观状态还需加入敏感性等特性指标。前辈们所研究的耦合或塑性损伤本构可能达到了一定的阶段，但仍有巨大的钻研空间。

认清混凝土损伤开裂破坏形式的关键性工作就是建立合适的混凝土损伤本构，关于本构方面的研究学者们已经取得了一定的成果。学者们已然知晓混凝土在加载前期构件呈现出线弹性趋势，但当构件在遭遇强大荷载后必然会进入非线性的屈服、强化甚至是颈缩断裂阶段，单纯地将混凝土考虑为线弹性是不合理的。随之出现了塑性本构并迅速得到了发展。目前完整的塑性本构主要有：流动、屈服、硬化及加卸载等法则。其中，有一些本构被成功的用来模拟混凝土性能，具有代表性的是1975年Willam－Warnke提出的五参数强度准则模型、可以模拟混凝土拉裂和软化的江见鲸模型、Hsieh－Ting－Chen准则（1982）、黄克智-张远高准则（1991）等。

1.3 渡槽结构损伤诊断与安全监测研究现状

1.3.1 损伤诊断技术

一个完备的动力学系统由以下因素构成：①作用；②作用效应

或响应；③结构（作用对象）的系统力学特性。在水工结构泄流动力系统中，主要有以下四类结构动力学问题：第一类：已知泄流激励作用和结构系统动力特性，求解结构的动力响应。这类问题是水工结构工程中最基本和最常见的问题，为力学正问题。第二类：已知泄流激励作用和作用效应或响应，求解结构的系统特性，为系统辨识问题，属于第Ⅰ类力学反问题。第三类：已知结构的系统特性和作用效应（响应），求解荷载作用，为第Ⅱ类力学反问题。第四类：除了前述的力学正问题及两类力学反问题之外的其他力学问题，都可以归结为第Ⅲ类力学反问题。例如，通过泄流激励下的水工建筑物的振动响应（如速度、位移、加速度、应变等）信号，检测结构是否存在损伤，对水工结构的运行状况进行监测与评价，即属于此类问题。

Doebling等定义了“损伤”的概念，认为损伤即一个物理系统的性状改变，无论这种改变是由于客观或非客观因素所造成的；同时，这种改变反过来会影响该系统当前和将来的使用性能。损伤可以分为线性和非线性两大类，现有的大多数损伤识别方法都假设结构是线性的，而该假设对大多数工程问题是可以接受的，可以大大降低问题的分析难度。线性损伤识别方法可以分为基于模型和无模型两大类，前者需要建立结构的有限元模型或者数学模型来分析结构响应，而后者则不需要相关模型，而是通过直接分析结构的响应信号等方式来建立损伤识别指标。Rytter定义了一个完整的损伤识别过程，其包含四个阶段：阶段1，结构是否损伤；阶段2，如果结构存在损伤，那么损伤位置在哪里；阶段3，损伤程度如何；阶段4，损伤结构的剩余使用寿命是多少。

目前，材料的无损检测技术已经比较成熟，检测方法有射线法、超声波法、磁粉法、渗透法、涡流法等，但结构无损检测技术的研究成果大多局限在实验室环境下小尺度结构的层面上，对于真实结构的隐患和损伤问题尚难应用，特别是由于大型工程结构的复杂性和特殊性，上述无损检测方法无法全面、准确地检测其隐患及损伤，具有如下局限性：①结构被检测区域必须是检测人员能够触

及的；②常规的检测技术也难以发现隐秘部位的损伤；③局部无损探伤结果难以全面反映结构整体健康状况，尤其是难以对结构的安全储备以及退化的途径做出系统的评估；④局部损伤检测结果严重依赖于检测人员的经验和判断。

用于工程结构的无损检测方法有波动法和振动法等，其中波动检测法仅用于检测人员所能接近部位的局部损伤探测，并且要求检测人员事先知道损伤的大致位置，该方法只能检测结构表面或附近的损伤，难以预测预报结构整体的性能退化。此外，波动检测技术还要求特殊额外的测试设备和专业人员，这对于复杂的水工结构的无损检测是不方便的并且是昂贵的，特别是该技术无法运用于结构健康监测的实时监测系统。

与波动法比较，基于环境激励的振动法损伤诊断相对简单、成本较低，其最突出的优点是利用环境激励进行动力响应测试，从而使得长期和在线的结构健康监测成为可能。其中，“环境激励”是指自然激励或者不刻意进行下的人类行为激励，例如，高速水流、大地脉动、地震波对工程结构的作用，海浪对船舶的拍击，风载荷对楼、桥梁的激励等。同时，基于振动测试的结构健康检测技术作为一种全局检测方法，它能够对结构的服役及健康状况进行全面的检测，识别结构是否存在损伤，并诊断出损伤位置和损伤程度，与常规的无损检测方法相比较有其自身的优点。其基本原理是：损伤将导致结构的系统刚度和阻尼矩阵发生改变，因而导致结构的动力特性参数（如结构的频响函数、模态参数等）发生变化，换言之，结构动力特性参数能够作为结构损伤诊断的指标。目前，基于振动测试响应信息的结构损伤诊断技术和健康检测/监测方法受到越来越多的重视，在航空航天、土木工程、机械工程和海洋工程等领域均有很多的研究成果。

现有基于振动理论的结构损伤识别方法大多采用模态参数（模态频率、模态振型、模态阻尼）以及它们的派生参数（如模态振型曲率和模态柔度等）作为目标响应，其中模态频率由于具有相对高的测量精度而被广泛接受。此外，利用人工智能算法、数学和统计学分析方法作为辅助手段的识别方法也不断出现，很大程度上促进了损伤识别和健康监测研究的发展。结构损伤会造成损伤处的响应发生变化（扰动），因此研究人员希望通过直接分析结构响应的时间历程数据来发现上述扰动，利用小波分析进行损伤识别构成了损伤识别领域的另一个分支，值得一提的是，将神经网络和小波相结合的损伤识别技术也已展现了其优点。考虑到统计分析方法可以一定程度上增强损伤指标对噪声的鲁棒性，基于统计分析方法建立损伤指标构成了损伤识别领域的一个新分支，并出现了大量的研究成果。

虽然，国内外学者关于环境激励下的结构损伤诊断已开展了近40年的研究，并取得了较大的发展，但是基于环境激励的结构损伤诊断在水利工程方面的应用则是近些年的事情。Mau通过振动测试数据研究了拱坝的系统辨识问题；G. R. Darbre等采用脉动的方法对瑞士250m高的莫瓦桑拱坝进行了现场测试，得到了拱坝实际的固有频率，并通过测试给出了拱坝固有频率随库水变化的规律。Proulx等用现场测试的方法系统地研究了180m高埃莫松拱坝在不同库水位的动力特性。2004年，王山山、任青文通过数值模拟研究了黄河大堤防渗墙在不同损伤情况下的动力特性及其变化规律，证明采用振动法是有可能检测防渗墙的损伤的。2005年，王柏生等对一实际拱坝的初步测试，着重分析了用振动法进行混凝土大坝结构损伤检测的可行性，得出了用振动法检测大坝的结构损伤是完全有可能的结论，遗憾的是该试验是在力锤激励下进行，试验模型并非水弹性模型，不能反映泄流激励下的结构在线损伤。与此类似，Anun Patjawit等以一自由落体的钢球来激励一混凝土拱坝模型，在时域内分析结构振动数据，进而以结构频率作为结构不同损伤工况下的安全监控指标，为基于振动测试的拱坝安全监测提供了试验基础。2006年，祁德庆通过动力有限元对结构损伤前后的动力特性进行分析，从而实现对水下结构的损伤进行诊断。2007年，练继建等以某拱坝水弹性模型为工程背景，通过自然激励技术和特征系统实现算法对泄洪激励下的拱坝模态进行辨识，并结合仿真实

例和水弹性模型试验验证了该方法在水工结构工作模态参数辨识领域的可行性。2008年，练继建、张建伟等基于某大型水电站导墙泄流振动位移实测数据，采用随机减量技术和Prony方法对导墙的模态参数进行辨识，并确定结构的损伤位置及程度，同时提出了该导墙结构的频率安全监控指标。同时，作者也指出仅通过频率变化无法对损伤进行唯一性定位，因为频率是一种全局量，即对对称结构而言，两个对称位置中的任何一个发生损伤都会使结构频率发生相同的变化。2009年，李松辉等提出一种基于遗传算法的结构模态参数辨识方法，由于该方法采用结构信号的噪声响应为研究对象，在一定程度上抑制了虚假模态，提高了阻尼比的辨识精度。李火坤等在溢流坝泄流条件下，基于泄流荷载对溢流坝结构产生的激励作用，对三峡溢流坝结构进行了原型动力测试，得到了溢流坝结构在泄流条件下的动力特性参数。2010年，张建伟以二滩高拱坝原型测试为背景，结合随机子空间算法与改进的稳定图对泄流激励下的拱坝模态参数进行辨识，并实现对高坝振动状态的长期在线监测，为结构的安全评估提供依据，为高拱坝状态检测与监测研究提供了新思路。张翌娜等建立了悬臂梁仿真模型，并利用位移、应变以及曲率模态对结构的损伤及运行工况进行判别，验证了应变指标用于识别结构损伤的可靠性及其变化规律。2012年，孙万泉等提出一种基于泄洪激励下动响应能量进行高拱坝损伤识别的互熵矩阵曲率法，即利用拱坝损伤前后的相对响应熵矩阵，分别对其列、行进行差分求得互熵曲率矩阵，并以其对角元素作为检测拱坝结构损伤指标的新方法。张建伟等以“5·12”汶川地震震中某地下厂房上部结构为研究对象，根据现场实测的动位移时程，运用动力学和模态辨识理论对结构的模特参数进行有效识别，结合厂房结构在健康阶段与各种损伤工况下的结构动力特性，提出了一种运用于大型水工结构的无损检测与安全评价方法，并运用距离的概念对结构所属的健康类别进行量化。Baris Sevim等利用EFDD与SSI模态参数辨识方法，结合模型试验与原型观测，对某拱坝进行不同泄流工况下的动态特性研究与安全评价。2014年，李火坤等针对某一大型水电站泄洪闸墩在其泄洪过程中出现的强烈振动情况，系统开展了闸墩原型振动测试、振动响应数值模拟预测与运行安全评价研究。2015 年，Lin Cheng 等采用核主成分分析（KPCA）方法，以结构振动频率和坐标模态保证准则为损伤指标，对一混凝土重力坝进行了环境激励下的健康监测尝试。张建伟等基于高坝的工作特点，提出一种适用于泄流结构的工作模态参数时域辨识方法，研究表明该方法能够有效避免模态分解中的频率混杂，具有较强的鲁棒性以及较高的辨识精度。2016 年，Yan Zhang 等综合利用 EEMD 和小波阈值技术对黄河中游某泄流厂房振动信号进行提纯，然后对消噪后信息进行 ERA 模态参数辨识，得到了厂房结构的工作模态。

综上结构损伤诊断的发展历程，不难发现早期经典的基于振动模态参数的损伤识别算法必须满足对辨识结构非常地了解、噪声影响小、辨识参数少等条件，而且求解过程容易遇到方程病态问题。而近年来，随着神经网络、遗传算法、小波分析等现代方法的快速发展和计算机运算速度的日益更新，基于振动的结构损伤诊断研究得到了长足的发展，研究对象从单一较小线性不变结构向大型多相耦合非线性动力时变体系过渡，研究方法从经典的频域方法发展到现代时-频联合分析方法和人工智能方法，激励方式由简单的脉冲方式发展到复杂的环境随机激励，研究结构所处的背景环境由无干扰噪声到强干扰、强耦合、多特征条件下的随机噪声。

1.3.2 信息融合技术

信息融合是信息技术发展的趋势，数字化、信息化与网络化为信息融合提供了技术基础。融合（fusion）与集成（integration）是两个不同的概念，区别在于：集成是指多种数据的叠加，叠加的集成数据中仍保存着原来的数据特征；融合则是指多种数据经合成后，不再保留原来数据的单个特征，而产生一种新的综合数据。集成的数据没有产生根本的变化，而融合的数据产生了根本的变化，通过融合派生出了新的数据。

重大水利工程结构中布设的传感器数量和类型较多，监测变量既有整体性态变量，如位移、速度和加速度，也有局部监测变量，如应力、应变、累积耗能、裂纹等，监测系统将获得大量的数据，采用信息融合技术对监测信号的特征进行提取、分离与压缩，是实现结构实时健康诊断的重要手段。

基于多传感器信息融合一词最早出现在20世纪70年代末，自信息融合问题一开始提出就引起了西方各国的高度重视，国内关于信息融合技术的研究则起步相对较晚，20世纪80年代初，人们开始从事多目标跟踪技术研究，到了80年代末才开始出现有关多传感器信息融合技术的报道。20世纪90年代初，这一领域的研究在国内才逐渐形成高潮，相继出现了一批多目标跟踪系统和有初步综合能力的多传感器信息融合系统。

信息融合理论是多信息学科的产物，常用的理论方法有主观贝叶斯理论、Dempster/Shafer证据理论（D－S证据理论）、模糊集可能性理论、人工神经网络理论。其中，前两种理论都是由概率论演化而来，主观贝叶斯理论的信息融合推论过程要求给出先验概率和条件概率，并要求各概率之间的相互独立，这些条件在实际工程中很难满足；D－S证据理论采用信度（belief）函数和似然函数（plausibility measure）重新解释多值映射，不需要事先知道基于知识的先验概率，与主观贝叶斯理论相比，更具有实用性。模糊集可能性理论反映了事物本身所具有的模糊性，并能处理由模糊性引起的不确定性，为信息融合开辟新途径，该理论可以解决信息或决策冲突问题，但其算法原理不够直观，运算较为复杂。人工神经网络理论是模仿人类神经系统来构建信息融合系统，它拥有原则上容错、结构拓扑鲁棒性、计算并行性等特性，具有联系、推测、记忆和自学功能，但同时也存在学习过程运算量大、寻找全局最优解较为困难等缺点。

迄今为止，信息融合技术在军事国防、机器人和智能仪器系统、遥感、图像分析与处理、海洋监视、综合导航和管理、工业检测与工业控制等领域有了较快的应用与发展，而在水工结构安全检测与监测方面则起步较晚。顾冲时、苏怀智等探讨了大坝安全监控智能化感知融合理论和方法中的一些关键技术并将其应用到工程实际，构建了信息融合的四级体系框架，同时，在对水工程安全研究现状和发展趋势进行评述的基础上，提出了水工程病变机理与安全保障分析中亟待解决的热点问题，并对这些热点问题进行了探讨。彭兵将改进支持向量机和信息融合技术应用于水电机组故障诊断，得到了更准确的诊断结论，与单一特征诊断相比，通过水电机组故障信息的频率阶次特征、时间特征和空间特征的融合，故障诊断结论的不确定性更低，而可信度更高。胡鑫等提出了一种基于振动响应内积向量和数据融合的损伤检测方法，并进行了相应的验证试验研究，结果表明数据融合对外激励为正弦信号的检测结果准确度提升更为显著。徐国宾等基于优胜劣汰、步步选择的粒子群优化算法对广义回归神经网络参数进行优化，建立厂房结构的振动响应预测模型，对某厂顶溢流式水电站的厂坝结构振动响应问题展开预测研究，为增强厂房结构的智能化监测提供保障。李火坤等基于D-S证据理论，将应变测试信息和模态频率信息进行融合，对弧形闸门的主框架进行了损伤诊断。李子阳、马福恒等基于大坝安全监测静态资料，对大坝安全监测资料合理性诊断融合方法进行了初探。侯立群等针对结构损伤诊断问题，主要介绍基于概率统计和基于数据融合的两类损伤诊断不确定性方法的研究进展，并分析各种方法的优点和不足。张建伟针对低信噪比泄流结构振动信号有效信息提取难的问题，提出一种将小波阈值与EMD联合的信号降噪融合方法：首先利用小波阈值滤除大部分高频白噪声，降低EMD端点效应；然后进行EMD分解得到具有相对真实物理意义的固态模量（IMF）；最后通过频谱分析重构特征信息IMF得到降噪后信号，为坝体结构的安全运行与在线监测提供基础。李火坤、张建伟等通过定义振动信号的方差贡献率，提出了基于结构振动响应方差贡献率的多传感器信息融合方法，能够有效凸显信号中的优势频率成分，从而提高振动信息的完整性。

从现有研究成果看，信息融合技术在水工结构损伤诊断与安全监测方面研究大多集中于多个同类型静态监测效应量信息的融合，或者研究对象的结构形式相对较简单，而渡槽作为一种空间整体超静定结构，与其他结构相比，所布置的监测元件既有局部监测元件，亦有整体监测元件，各静态、动态检测/监测效应量之间的内在联系更加紧密。因此，采用信息融合技术处理整体性态监测信息和局部性态监测信息，并发展基于信息融合技术的渡槽结构损伤识别方法将是多参量、多传感元件数据智能处理方法的发展方向。

综上所述，渡槽等水工结构的动力系统损伤诊断研究是具有重大实用价值的应用基础研究。该研究不仅涉及水利领域，还涉及结构动力学、仪器仪表与测试技术、信号处理、计算机科学与技术、材料科学和自动化等多个学科领域，具有明显的学科交叉和融合特征，是个复杂的综合课题。与此同时，该研究在渡槽等水利工程领域还没有形成系统的理论和技术，基本还处于初期的探索阶段，要最终形成成熟的应用技术，还可能需要更具创新性的研究，或者大量细致的完善工作。因此，在国内外对生命线工程安全日渐重视的背景下，开展重大水工结构的动力灾变机理和健康检测研究就显得尤为迫切和重要。

1.4 本书内容

渡槽作为一种跨越式的空间薄壁输水建筑物，广泛应用于农业灌溉工程和其他大型水利工程中，为实现水资源优化配置发挥着不可替代的作用。在渡槽的实际运行过程中，其在复杂工况下的损伤诊断和安全监测问题一直是研究的重点。本书以“渡槽结构-水体-地基-动荷载”为四位一体耦联动力系统，开展基于环境激励的渡槽结构损伤诊断研究，其中激励可以采用泄流、瞬大地脉动、交通荷载等方式实现，具体内容包括以下几个方面：

（1）环境激励下渡槽结构振动响应特征信息提取。

（2）渡槽耦联动力系统有限元模型修正与测点拾振器优化

布置。

（3）渡槽耦联动力系统损伤破坏规律。

（4）渡槽结构易损性分析。

（5）渡槽耦联动力系统损伤敏感特征因子提取与损伤诊断。

（6）渡槽结构安全监测与振动预测。

第2章 渡槽结构特征信息提取理论与方法

对水工结构振动数据进行处理分析，首先需要采集水工结构在环境荷载以及泄流激励下的振动测试数据，水工结构的运行环境比较复杂，实测得到的振动测试数据容易受到噪声的影响，所以通过测试获得的振动信号并不是纯净的，而是包含了大量噪声的混合数据，与结构真正的振动信息有较大的差别。如果不对其进行降噪就作为判断结构性质的依据，会对辨识结果引起较大的误差，甚至得出错误的结论。因此，本章主要介绍渡槽结构振动信号处理的基本概念及方法。

2.1 振动信号处理的基本概念

2.1.1 振动过程描述与分类

结构在不同的时间点随时间的变化所做的相对平衡位置的往复运动称为振动。结构发生振动时，其位移、速度和加速度等物理量都将发生改变。结构的振动信号包含了结构全部的振动物理特性信息，通常结构振动按照振动的特点可以分为确定性振动和非确定性振动两大类。图2.1描述了振动过程的分类。

2.1.2 随机振动的特点

随机振动指那些无法用确定性函数来描述，但又有一定统计规律的振动。

振动可分为定则（确定性）振动和随机振动两大类。它们的本

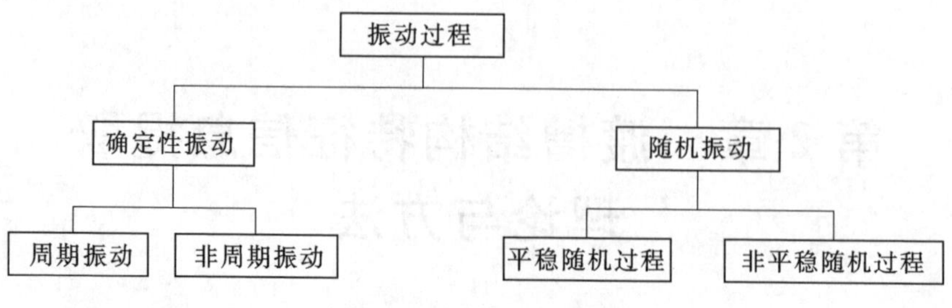

图2.1　振动过程分类

质差别在于：随机振动一般指的不是单个现象，而是大量现象的集合。这些现象似乎是杂乱的，但从总体上看仍有一定的统计规律。因此，随机振动虽然不能用确定性函数描述，却能用统计特性来描述。在定则振动问题中可以考察系统的输出和输入之间的确定关系；而在随机振动问题中就只能确定输出和输入之间的统计特性关系。

2.2　经典振动信息提取方法

水工结构在泄流激励下振动信号都会在不同程度上含有噪声，水工结构振动信号在输送和获取的过程中，容易受到环境激励的高频白噪声和低频水流噪声的干扰，通常表现为低信噪比、非平稳随机信号。结构振动特征信息完全淹没在强噪声中，难以精确识别其模态信息，从而影响判断结构健康状况及振动危害评价的精度。因此，需采取有效的信号分析方法对实测数据降噪处理，以获取结构振动信号的优势特征信息。经典的滤波方法主要有数字滤波、卡尔曼滤波、小波滤波和奇异值分解滤波，下面简单介绍一下这几种方法。

2.2.1　数字滤波

数字滤波器是一种通过有限精度算法实现的输入与输出都是数字量的数字滤波系统，适用于对数据长度较大或振动幅值逐渐变小的信号进行处理，有低通、高通、带通、带阻滤波器等几类，不同的滤波器作用频率范围不同。

数字滤波的频域方法表达式为

$$y(r)=\sum_{k=0}^{N-1}H(k)X(k)\mathrm{e}^{j2\pi kr/N} \tag{2.1}$$

数据经过离散傅里叶变换得到 X；H 为频率响应函数，代表着不同的滤波方式和特点。

低通滤波器的频率响应函数为

$$H(k)=\begin{cases}1 & (k\Delta f\leqslant f_u)\\0 & \text{其他}\end{cases} \tag{2.2}$$

高通滤波器的频率响应函数为

$$H(k)=\begin{cases}1 & (k\Delta f\geqslant f_u)\\0 & \text{其他}\end{cases} \tag{2.3}$$

带通滤波器的频率响应函数为

$$H(k)=\begin{cases}1 & (f_d\leqslant k\Delta f\leqslant f_u)\\0 & \text{其他}\end{cases} \tag{2.4}$$

带阻滤波器的频率响应函数为

$$H(k)=\begin{cases}1 & (k\Delta f\leqslant f_d, k\Delta f\geqslant f_u)\\0 & \text{其他}\end{cases} \tag{2.5}$$

式中：f_u 为滤波器的上限截止频率；f_d 为滤波器的下限截止频率；Δf 为滤波器的频率分辨率。

2.2.2 卡尔曼滤波

20世纪60年代初，卡尔曼滤波方法作为一种现代化的最新估计方法在工程控制领域中逐渐取得了很大的发展，其算法原理如下。

自由度为 n 的动态系统满足：

$$\begin{cases}X_{k+1}=\Phi_k X_k+\Gamma_k F_k\\Y_{k+1}=H_{k+1}X_{k+1}+v_{k+1}\end{cases} \tag{2.6}$$

式中：X_k、F_k 分别为状态变量与输入在 k 时刻的点采样值；Y_k 为 m 维观测向量（$m\leqslant n$）；H 为根据具体问题确定的观测向量；v_{k+1}

为均值为零的观测噪声向量。

根据上式中的信号系统的状态方程与观测方程，在第 k 时刻，根据已知的状态变量 X_k 的估计值 $\hat{X}_k$ 和输入 F_k 条件下，给出下一时刻的信号系统的状态的最优估计，得到的 X_{k+1} 亦为估计值，即

$$\hat{X}_{k+1}=\Phi_k\hat{X}_k+\Gamma_kF_k \tag{2.7}$$

式（2.7）称为状态预测方程。考虑到 $k+1$ 时刻的观测信息，可设 X_{k+1} 的最小方差估计 $\hat{X}_{k+1}$ 是 X_{k+1} 与 Y_{k+1} 的线性组合：

$$\hat{X}_{k+1}=K_{1k+1}X_{k+1}+K_{k+1}Y_{k+1} \tag{2.8}$$

估计误差为

$$\varepsilon_{k+1}=X_{k+1}-\hat{X}_{k+1} \tag{2.9}$$

$$\varepsilon_{k+1}=X_{k+1}-X_{k+1} \tag{2.10}$$

将观测方程代入可得

$$X_{k+1}-\varepsilon_{k+1}=K_{1k+1}(X_{k+1}-\varepsilon_{k+1})+K_{k+1}(H_{k+1}X_{k+1}+v_{k+1}) \tag{2.11}$$

即

$$\varepsilon_{k+1}=-(K_{1k+1}+K_{k+1}H_{k+1}-I)X_{k+1}+K_{1k+1}\varepsilon_{k+1}-K_{k+1}v_{k+1} \tag{2.12}$$

分别计算式（2.12）等号两边的数学期望，$E(v_{k+1})=0$，$E(\varepsilon_{k+1})=0$，$E(\varepsilon_k)=0$，满足无偏估计的条件，可得

$$K_{1k+1}+K_{k+1}H_{k+1}-I=0 \tag{2.13}$$

即

$$K_{1k+1}=I-K_{k+1}H_{k+1} \tag{2.14}$$

将式（2.14）代入式（2.7）可得

$$\hat{X}_{k+1}=X_{k+1}+K_{k+1}(Y_{k+1}-H_{k+1}X_{k+1}) \tag{2.15}$$

式（2.15）称之为状态滤波（校正）方程，其中 K_{k+1} 为增益矩阵。

$$P_{k+1}=E\{(X_{k+1}-\hat{X}_{k+1})(X_{k+1}-\hat{X}_{k+1})^{\mathrm{T}}\} \tag{2.16}$$

式（2.16）为估计误差 ε_{k+1} 的协方差，当协方差矩阵取极小值时说明增益矩阵的选择是合理的。为此，从状态方程中减去

式（2.7）得

$$\varepsilon_{k+1}=\Phi_K\varepsilon_k \tag{2.17}$$

对式（2.17）两端右乘其转置后计算数学期望，可得

$$P_{k+1}=\Phi_k P_k \Phi_k^{\mathrm{T}} \tag{2.18}$$

该式为误差协方差预测方程。

将预测方程代入式（2.15）和式（2.9）可得

$$\varepsilon_{k+1}=(I-K_{k+1}H_{k+1})(X_{k+1}-X_{k+1})-K_{k+1}v_{k+1} \tag{2.19}$$

$\varepsilon_{k+1}=X_{k+1}-X_{k+1}$与$v_{k+1}$是独立的，计算可得

$$P_{k+1}=(I-K_{k+1}H_{k+1})P_{k+1}(I-K_{k+1}H_{k+1})^{\mathrm{T}}+K_{k+1}R_{k+1}K_{k+1}^{\mathrm{T}} \tag{2.20}$$

其中

$$R_{k+1}=E(vv^{\mathrm{T}}) \tag{2.21}$$

式（2.21）为观测噪声协方差矩阵。

根据P_{k+1}取极小值的原则，可得

$$K_{k+1}=P_{k+1}H_{k+1}^{\mathrm{T}}(H_{k+1}P_{k+1}H_{k+1}^{\mathrm{T}}+R_{k+1})^{-1} \tag{2.22}$$

将式（2.22）代入式（2.20），可得误差协方差矩阵的滤波方程：

$$P_{k+1}=(I-K_{k+1}H_{k+1})P_{k+1} \tag{2.23}$$

式（2.7）、式（2.15）、式（2.18）、式（2.22）、式（2.23）为卡尔曼滤波的基本公式。从给定的初始估计$\hat{X}_0$和初始的误差协方差P_0出发，利用已知的R_k，Φ_k，H_k，Γ_k，F_k即可从上述递推公式进行系统状态量的卡尔曼滤波估计计算。

2.2.3 小波滤波

小波分析是建立在傅里叶变换上的发展和延拓，能够实现时间和频率的局部变换。小波阈值降噪通过设定阈值去除白噪声，保留所需的真实信号。振动信号经过小波分解得到许多子序列。白噪声的振幅比较小，真实信号幅值较大。因此，小于设定阈值的序列是噪声序列，大于预设阈值的子序列认为是真实信号。

分别将含噪信号$f(t)$的小波系数和经过阈值处理的系数记为

ω、$\eta(\omega)$。采用由 Donohon 提出的两种阈值函数和计算阈值方法进行计算，其表达式分别为

硬阈值：

$$\eta(\omega)=\begin{cases}\omega, |\omega|\geqslant T\\0, |\omega|<T\end{cases} \tag{2.24}$$

软阈值：

$$\eta(\omega)=\begin{cases}(|\omega|-T)\mathrm{sign}(\omega), |\omega|\geqslant T\\0, |\omega|<T\end{cases} \tag{2.25}$$

阈值可由提出的式（2.26）求解公式进行求解：

$$\begin{cases}T=\sigma\sqrt{2\lg N}\\\sigma=\dfrac{\mathrm{median}(|\omega|)}{0.6745}\end{cases} \tag{2.26}$$

式中：σ 为噪声标准差；N 为信号长度。

硬阈值函数计算量小，但该方法在 $\omega=T$，$\eta(\omega)$ 不连续，降噪精度低；软阈值计算得到的 $\eta(\omega)$ 连续性好，但该方法在 $|\omega|>T$ 时，$\eta(\omega)$ 与 ω 均存在误差，从而影响滤波精度。针对上述阈值函数的缺点，一些改进方法被提出：

根据多项式插值原理确定 $\eta(\omega)$

$$\eta(\omega)=\begin{cases}\omega, |\omega|\geqslant T_2\\\mathrm{sign}(\omega)P(|\omega|), T_1\leqslant|\omega|<T_2\\0, |\omega|<T_1\end{cases} \tag{2.27}$$

式中：$P(|\omega|)$表示插值多项式。

一次至三次插值条件分别为

$$\begin{cases}P(T_1)=0\\P(T_2)=T_2\end{cases},\begin{cases}P(T_1)=0\\P(T_2)=T_2,\\P'(T_2)=1\end{cases}\begin{cases}P(T_1)=0\\P'(T_1)=0\\P(T_2)=T_2\\P'(T_2)=1\end{cases} \tag{2.28}$$

式（2.27）有效解决了硬阈值函数在 $\omega=T$ 时，$\eta(\omega)$ 不连续的问题。但该方法用于软阈值求解的过程中降噪精度将大幅度降低。

将软、硬阈值折中确定 $\eta(\omega)$

$$\eta(\omega)=\begin{cases}\operatorname{sign}(\omega)(|\omega|-\lambda T),|\omega|\geqslant T,0\leqslant\lambda\leqslant 1\\0,|\omega|<T\end{cases} \tag{2.29}$$

阈值函数 $\eta(\omega)$ 分布如图 2.2 所示。若 $\lambda=0$，式（2.29）表示硬阈值函数；若 $\lambda=1$，式（2.29）表示软阈值函数；若 $0<\lambda<1$，$\eta(\omega)$ 取值更加精确，降噪效果最佳。

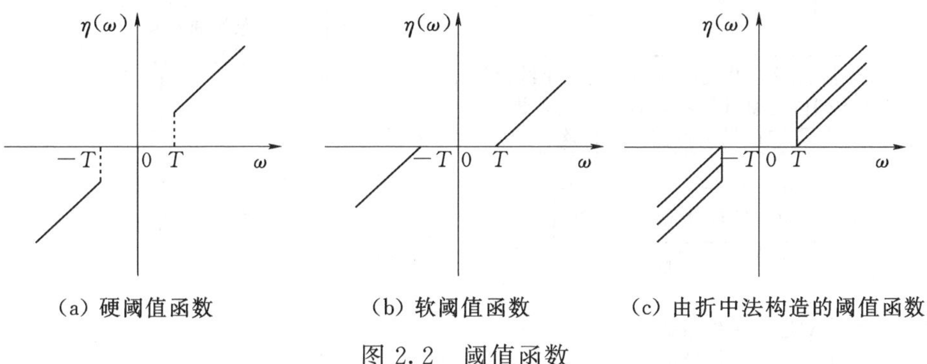

(a) 硬阈值函数　(b) 软阈值函数　(c) 由折中法构造的阈值函数

图 2.2　阈值函数

分解层数的确定也很重要。当白噪声较多且占有优势地位时，$\eta(\omega)$ 具有白噪声特征；若白噪声很少时，$\eta(\omega)$ 不具有白噪声特征。因此，本书依据 $\eta(\omega)$ 确定分解层数，其过程如图 2.3 所示。

阈值的取值也很关键。若其值过小，很多白噪声有残余，不能完全滤除；若取值过大，会丢失部分有效信息。因此，采用如下公式确定阈值：

$$T=\frac{\sigma\sqrt{2\lg N}}{\ln(\mathrm{e}+j-1)} \tag{2.30}$$

式中：σ 为噪声均方差；j 为分解层数；N 为信号长度；e 为自然常数，其值约为 2.71828。

2.2.4　奇异值分解滤波

奇异值分解（Singular Value Decomposition，SVD）作为一种经典的正交化分解降噪方法，对信号中的高频随机噪声具有很强滤除能力。SVD 降噪是将噪声对应的奇异值置零，将有用信号对应的奇异值保留，再利用奇异值分解的逆运算得到重构信号。

任一矩阵 $A_{m\times n}$ 一定有两个正交矩阵 $U\in R_{m\times m}$ 和 $V\in R_{n\times n}$ 使得

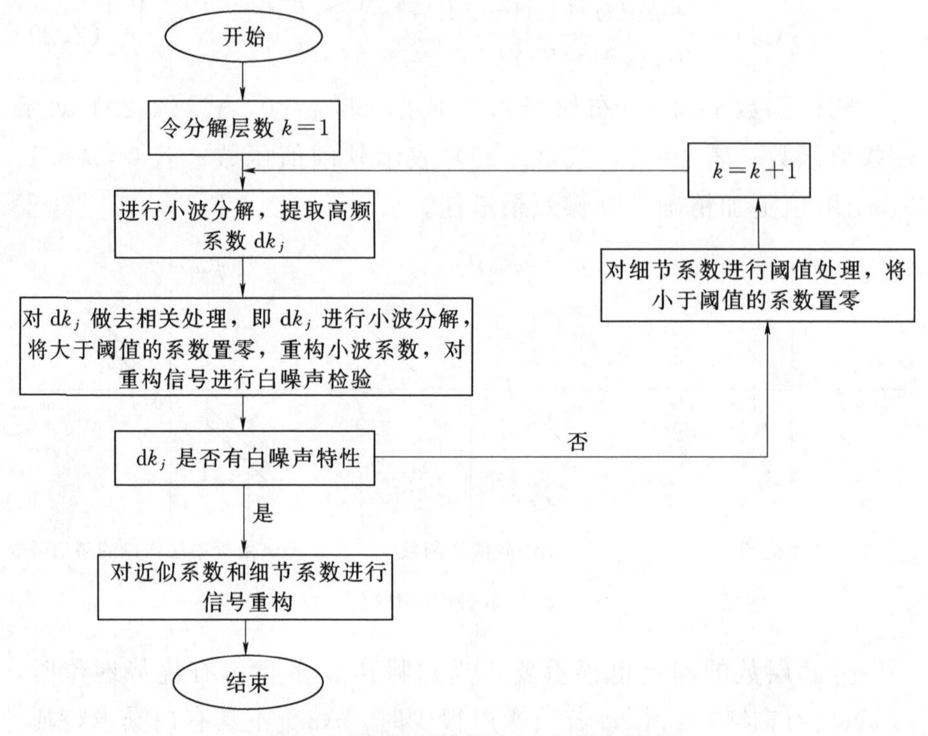

图 2.3　分解层数的自适应确定流程

$$A = UDV^{\mathrm{T}} \tag{2.31}$$

式中：$D=[\mathrm{diag}(\sigma_1,\sigma_2,\cdots,\sigma_p),0]$或 $D=[\mathrm{diag}(\sigma_1,\sigma_2,\cdots,\sigma_p),0]^{\mathrm{T}}$，$p=\min(m,n)$。假设某一信号序列为 $x(i)(i=1,2,\cdots,N)$，则 Hankel 矩阵为

$$H_{m\times n}=\begin{bmatrix} x_1 & x_2 & \cdots & x_n \\ x_2 & x_3 & \cdots & x_{n+1} \\ \vdots & \vdots & \vdots & \vdots \\ x_m & x_{m+1} & \cdots & x_N \end{bmatrix} \tag{2.32}$$

式中：$1<n<N$，$N=m+n-1$；m 和 n 分别表示行数和列数；N 表示信号长度。

m 的表达式为

$$m=\begin{cases} N/2, & N \text{ 为偶数} \\ (N+1)/2, & N \text{ 为奇数} \end{cases} \tag{2.33}$$

计算阶次由奇异熵增量确定，奇异熵 E_r 可表示为

$$E_r = \sum_{i=1}^{k} \Delta E_i \tag{2.34}$$

其中

$$\Delta E_i = -\left(d_i \Big/ \sum_{i=1}^{2N} d_i\right) \lg\left(d_i \Big/ \sum_{i=1}^{2N} d_i\right) \tag{2.35}$$

式中：k 为阶次；ΔE_i 为奇异熵增量。

2.3 基于二次滤波技术的渡槽结构特征信息提取方法

2.3.1 小波阈值与EMD联合滤波

EMD分解是适应非平稳、非线性信号的时域方法，其实质就是把信号依照自身的时间尺度特征自适应的分解成从高频到低频的IMF。EMD方法突破了传统信号处理方法的瓶颈，不需要先验知识选择相应一些技术指标或者函数，降低了人为误差。但因为实际结构振动信号中往往含有大量的干扰信号，包括高频白噪声、水流等外界扰动，直接对信号进行EMD分解会增加分解层数导致分解误差，所以对信号进行预处理。

小波滤波降噪对白噪声具有很强的抑制能力，因为进行小波变换后，白噪声的小波系数随小波尺度的增加逐渐减少，但用信号的小波系数则不变，根据这一特性，选取分解层数，设置阈值函数，对信号处理，消除大部分高频白噪声。

基于上述分析，针对非线性非平稳且低信噪比特点的结构振动信号，充分结合小波阈值和EMD的优点，提出小波阈值-EMD联合滤波降噪方法。小波阈值-EMD联合滤波降噪方法的本质在于对有效信息表现出传递特性和对噪声表现出抑制特性，根据有效信息和噪声在小波分解尺度上、EMD分解空间上的不同规律，进行有效的信噪分离。

为直观表述联合滤波降噪方法处理信号过程，建立小波阈值-

EMD 联合滤波降噪流程图，如图 2.4 所示。

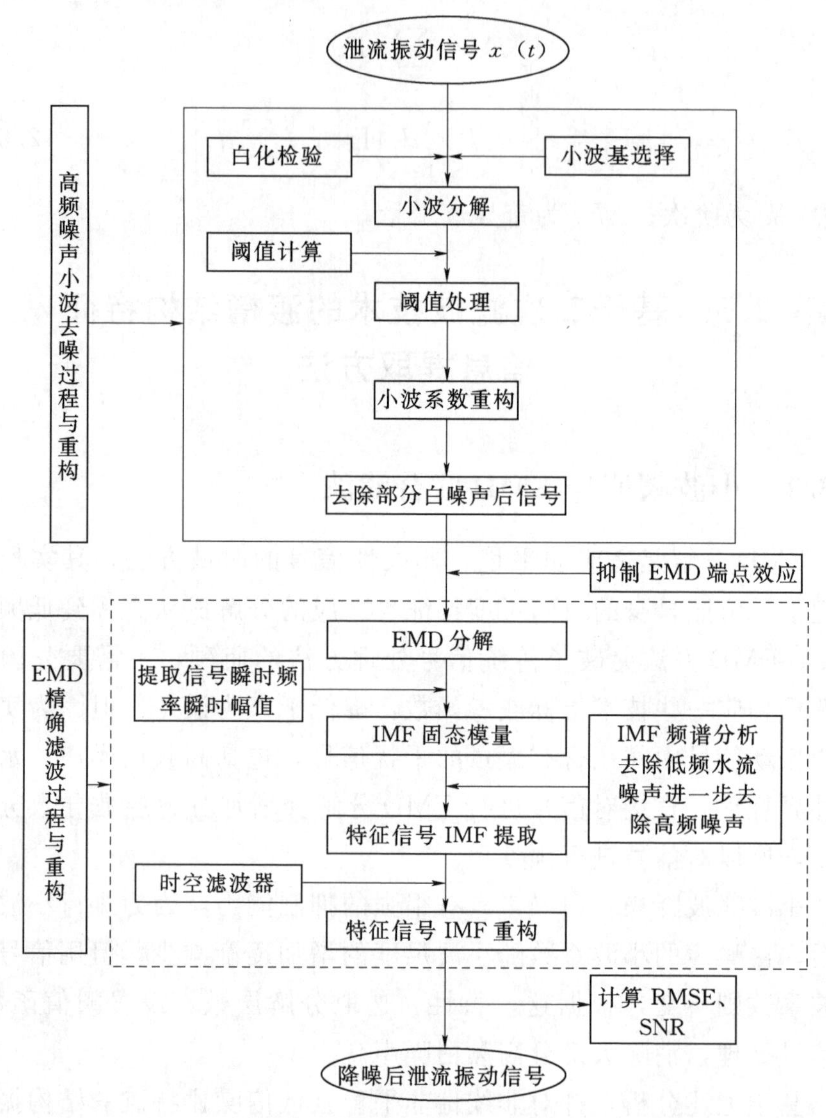

图 2.4 小波阈值-EMD 联合滤波降噪方法流程图

该方法在处理过程中的 6 个核心问题如下：

1. 确定小波分解层数

信号经小波分解后白噪声能量主要散布在大多数小波空间上，在这些层次的小波空间中白噪声起控制作用，因而小波系数表现出白噪声特性；有用信号被压缩到少数大尺度小波空间上数值较大的

小波系数中，有用信号起主导作用，小波系数表现非白噪声特性；通过判断各层小波系数是否具有白噪声特性可以自适应地确定分解层数，即对各层小波系数进行白化检验。

可知白噪声是随机函数，它由一组互不相关的随机变量构成。离散随机变量的自相关序列为

$$\rho(k)=\begin{cases}1,k=0\\0,k\neq 0\end{cases} \tag{2.36}$$

假设离散数据序列 d_k（$k=1$，2，…，N）的自相关序列为 $\rho(i)$（$i=1$，2，…，M），若 $\rho(i)$ 满足：

$$|\rho(i)|\leqslant\frac{1.95}{\sqrt{N}} \tag{2.37}$$

则认为 d_k 为白噪声序列，M 通常取 5.10。

实际振动测试信号中，白噪声中含有一种弱相关信号，无法确定是有用信号的弱相关还是噪声产生的随机信号，因此提出小波系数去相关的白化检验。其流程如图 2.5 所示。

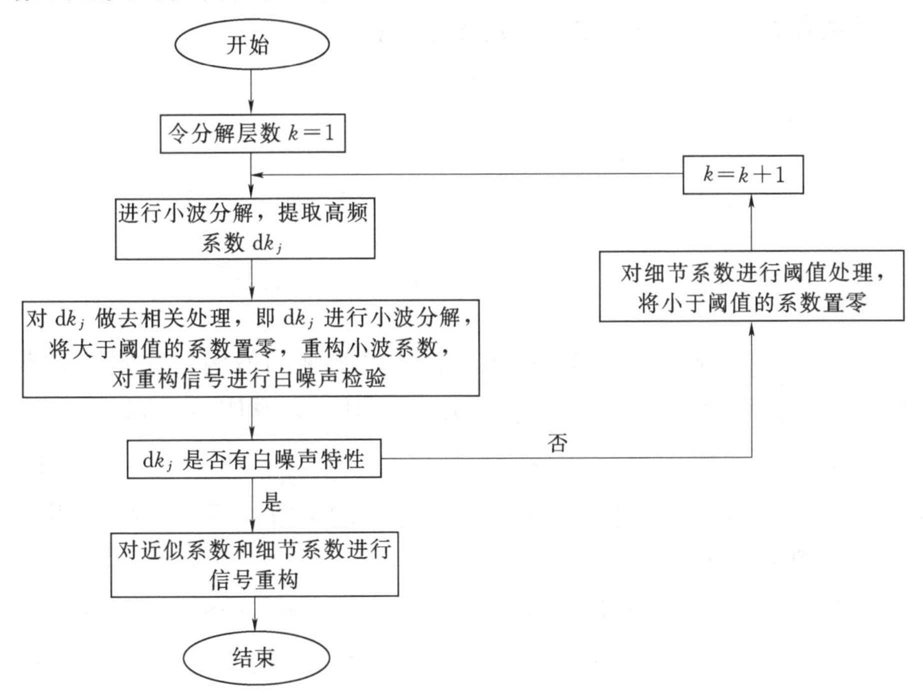

图 2.5　小波系数去相关白化检验流程

2. 计算各层小波系数阈值

Donoho 提出的阈值计算公式对于高信噪比信号比较适用，对于被噪声淹没的低信噪比水工结构振动信号则因保留了太多较大噪声小波系数而影响降噪效果，噪声小波系数随分解层数的增加不断降低，且 Donoho 提出的阈值公式计算的是整体阈值，这显然不合理，因此对阈值公式进行如下改进：

$$\lambda=\frac{\sigma\sqrt{2\lg N}}{\ln(e+j-1)} \tag{2.38}$$

式中：σ 为噪声方差；N 为信号数据长度；e 为底数，e≈2.71828；j 为分解层数。

当 $j=1$ 时，$\lambda_1=\lambda$，当 $j>1$ 时，每一层计算出的阈值在减少，这较好地体现了噪声小波系数随分解层数变小的性质。

3. 选取合适的阈值函数

阈值函数通常使用 Donoho 提出的软、硬阈值函数。硬阈值函数不连续，出现伪吉布斯现象，软阈值函数虽连续，但处理后的小波系数存在偏差，因此本书采用改进阈值函数：

$$\widehat{w_{j,k}}=\begin{cases} w_{j,k}-0.5\dfrac{\lambda^p r}{w_{j,k}^{p-1}}+(r-1)\lambda, & w_{j,k}>\lambda \\ \operatorname{sign}(w_{j,k})0.5\dfrac{r|w_{j,k}|^q}{\lambda^{q-1}}, & |w_{j,k}|<\lambda \\ w_{j,k}+0.5\dfrac{\lambda^p r}{w_{j,k}^{p-1}}-(r-1)\lambda, & w_{j,k}<-\lambda \end{cases} \tag{2.39}$$

式中，p、q、r 为调节因子，目的是增强阈值函数在实际去噪应用中的灵活性。p、q 决定阈值函数形状，r 取值在 0 到 1 之间，决定了小波阈值的逼近程度。r 取值在 0 到 1 之间，当 $r\to 0$ 时，式（2.39）相当于经典软阈值函数，当 $r\to 1$ 时，式（2.39）相当于经典硬阈值函数。

在 r 取值在 0－1 时，当 $|w_{j,k}|\to\infty$，$\widehat{w_{j,k}}\to w_{j,k}$；当 $w_{j,k}\to\lambda$，$\widehat{w_{j,k}}=0.5r\lambda$；$w_{j,k}=\lambda$，$\widehat{w_{j,k}}=0.5r\lambda$；当 $w_{j,k}\to-\lambda$，$\widehat{w_{j,k}}=-0.5r\lambda$；$w_{j,k}=-\lambda$，$\widehat{w_{j,k}}=-0.5r\lambda$；改进阈值函数连

续，克服了硬阈值函数不连续缺点。

令 $f(x)=\widehat{w_{j,k}}$，$x=w_{j,k}$，当 $x>0$ 时，$\lim\limits_{x\to+\infty}\dfrac{f(x)}{x}=\lim\limits_{x\to+\infty}\left[1-0.5\dfrac{\lambda^p r}{x^{p-1}}+\dfrac{(r-1)\lambda}{x}\right]=1$；当 $x<0$ 时，当 $\lim\limits_{x\to-\infty}\dfrac{f(x)}{x}=\lim\limits_{x\to+\infty}\left[1+0.5\dfrac{\lambda^p r}{x^{p-1}}+\dfrac{(r-1)\lambda}{x}\right]=1$。

因此式（3.22）以 $\widehat{w_{j,k}}=w_{j,k}$ 为渐近线，$\widehat{w_{j,k}}$ 随着 $w_{j,k}$ 的增大而逐渐接近于 $w_{j,k}$，有效克服了经典软阈值函数中 $\widehat{w_{j,k}}$ 与 $w_{j,k}$ 具有恒定误差的缺点。基于上述论述，式（3.22）克服了经典阈值公式的缺点，相对于经典阈值函数更优、更灵活。

4. 对重构信号进行 EMD 分解

由于小波阈值首先滤除大部分白噪声后，减少了 EMD 分解层数，降低了端点拟合误差和混频效应，使得各 IMF 分量正确反映信号真实物理意义。

5. 对各个 IMF 进行频谱分析

提取反映真实信号物理特征的有用 IMF，滤去低频和残留高频信息，利用时空滤波器重构信号，得到精确降噪后的信号。

6. 对降噪效果进行评定

引入信噪比（SNR）和根均方误差（RMSE）作为降噪效果评定标准：

信噪比：

$$SNR=10\lg\left\{\frac{\dfrac{1}{n}\sum\limits_{i=1}^{n}f^2(n)}{\dfrac{1}{n}\sum\limits_{i=1}^{n}\left[f(n)-\widehat{f(n)}\right]^2}\right\}\tag{2.40}$$

根均方误差：

$$RMSE=\sqrt{\frac{1}{n}\sum_{i=1}^{n}\left[f(n)-\widehat{f(n)}\right]^2}\tag{2.41}$$

式中：$f(n)$ 和 $\widehat{f(n)}$ 分别为原始信号和降噪后信号，信噪比越大，根均方误差越小，说明消噪效果越理想。

2.3.2 EMD－SVD 联合滤波

为保证 EMD 分解不存在能量泄漏且具有严密性，要求分解得到的 IMF 分量应满足完备性和正交性，即 IMF 分量应能重构原信号且各阶 IMF 之间具有正交性。但 Huang 等提出的 EMD 分解方法在理论上并不能保证其 IMF 分量的严格正交性。为得到完全正交的 IMF 分量，需对 EMD 分解得到的各阶 IMF 分量进行正交化处理，其步骤如下：

(1) 信号 $x(t)$ 经 EMD 分解得到的第一阶 IMF 分量为 $c_1(t)$，令 $\overline{c}_1(t)=c_1(t)$ 称为信号 $x(t)$ 的第一阶正交化 IMF 分量。

(2) 令残差 $\overline{r}_1(t)=x(t)-\overline{c}_1(t)$，对其进行 EMD 分解，可得到第 2 阶的 IMF 分量 $c_2(t)$，从 $c_2(t)$ 中消除混杂着 $\overline{c}_1(t)$ 的分量，可得到 $x(t)$ 的第 2 阶正交化 IMF 分量 $\overline{c}_2(t)$，即

$$\overline{c}_2(t)=c_2(t)-\beta_{21}\overline{c}_1(t) \tag{2.42}$$

式中：β_{21}称为 $c_2(t)$ 与 $\overline{c}_1(t)$ 的正交化系数。

利用 $\overline{c}_1(t)$ 和 $\overline{c}_2(t)$ 的正交性，对式 (2.42) 的两边同乘 $\overline{c}_1(t)$ 并对时间积分，得到

$$\int_0^{\mathrm{T}}\overline{c}_1(t)\overline{c}_2(t)\mathrm{d}t=\int_0^{\mathrm{T}}\overline{c}_1(t)c_2(t)\mathrm{d}t-\beta_{21}\int_0^{\mathrm{T}}\overline{c}_1^2(t)\mathrm{d}t=0 \tag{2.43}$$

即 $\beta_{21}=\int_0^{\mathrm{T}}\overline{c}_1(t)c_2(t)\mathrm{d}t\Big/\int_0^{\mathrm{T}}\overline{c}_1^2(t)\mathrm{d}t$，将其写成离散形式：

$$\beta_{21}=\{c_2(t)\}\{\overline{c}_1(t)\}^{\mathrm{T}}/\{\overline{c}_1(t)\}\{\overline{c}_1(t)\}^{\mathrm{T}}=\sum_{i=1}^{N}c_{2i}\overline{c}_{1i}\Big/\sum_{i=1}^{N}\overline{c}_{1i}^2 \tag{2.44}$$

(3) 可从 EMD 分解得到的第 $j+1$ 阶 IMF 分量中消除所含的前 j 阶正交化 IMF 分量，得到信号 $x(t)$ 的第 $j+1$ 阶正交化 IMF 分量。最终，信号 $x(t)$ 可以表示为 N 个正交的 IMF 分量及余项之和，即

$$x(t)=\sum_{j=1}^{N}a_j\overline{c}_j(t)+r_n(t) \tag{2.45}$$

其中，$a_j=\sum_{i=j}^{n}\beta_{ij}$，$j=1, 2, \cdots, n$；当 $i=j$ 时，$\beta_{ij}=1$。

综上所述，在进行正交化的过程中并没有改变 IMF 原有的提取过程，只是在提取了 IMF 后对其进行了正交化，在基本保证其 IMF 属性的基础上，使之具有严格正交性。经过正交化处理，可有效提高 EMD 分解的精确性和稳定性。

针对含低频水流噪声和高频白噪声的低信噪比泄流信号，结合 SVD 和正交化 EMD 的降噪特点，进行 SVD－改进 EMD 联合滤波降噪。首先，利用 SVD 滤除高频白噪声；其次，对 SVD 降噪后信号再进行正交化 EMD 处理，滤除低频水流噪声，最终得到反映结构振动特性的信号。SVD－改进 EMD 联合滤波降噪流程图如图 2.6 所示。

2.3.3 CEEMDAN－SVD 联合滤波

针对泄流振动信号淹没在高频白噪声和低频水流噪声的特点，本书提出一种基于 CEEMDAN 与奇异值分解联合的信号降噪方法。首先，水工结构振动信号非平稳非线性的特性提供了运用 CEEMDAN 算法的可能性，利用 CEEMDAN 将泄流振动信号分解为一系列从高频到低频的 IMF 分量；其次，考虑到排列熵算法能够定量评估振动信号含有的随机噪声，还具有计算速度快、算法简单、抗干扰能力强等优点，可利用排列熵确定需要进一步降噪的 IMF 分量，并利用奇异值分解对其进行降噪处理，滤除其高频随机噪声，得到准确物理意义的 IMF 分量；最后，重构信号得到反映结构动力特性的信号，实现强噪声背景下水工结构工作特性有效信息的提取，为下一步结构健康诊断工作提供基础。

2.3.3.1 CEEMDAN 算法的具体实现步骤

（1）求第一阶 IMF 分量 IMF_1。在原始信号 $x(t)$ 中添加具有标准正态分布的白噪声 $\nu^i(t)$，则第 i 次的信号可表示为 $x^i(t)=x(t)+\nu^i(t)$，其中试验次数 $i=1, 2, \cdots, I$。对试验信号 $x^i(t)$ 进行 EMD 分解得到相应的 IMF_1^i，则 $IMF_1=\frac{1}{I}\sum_{i=1}^{I}IMF_1^i$，残差

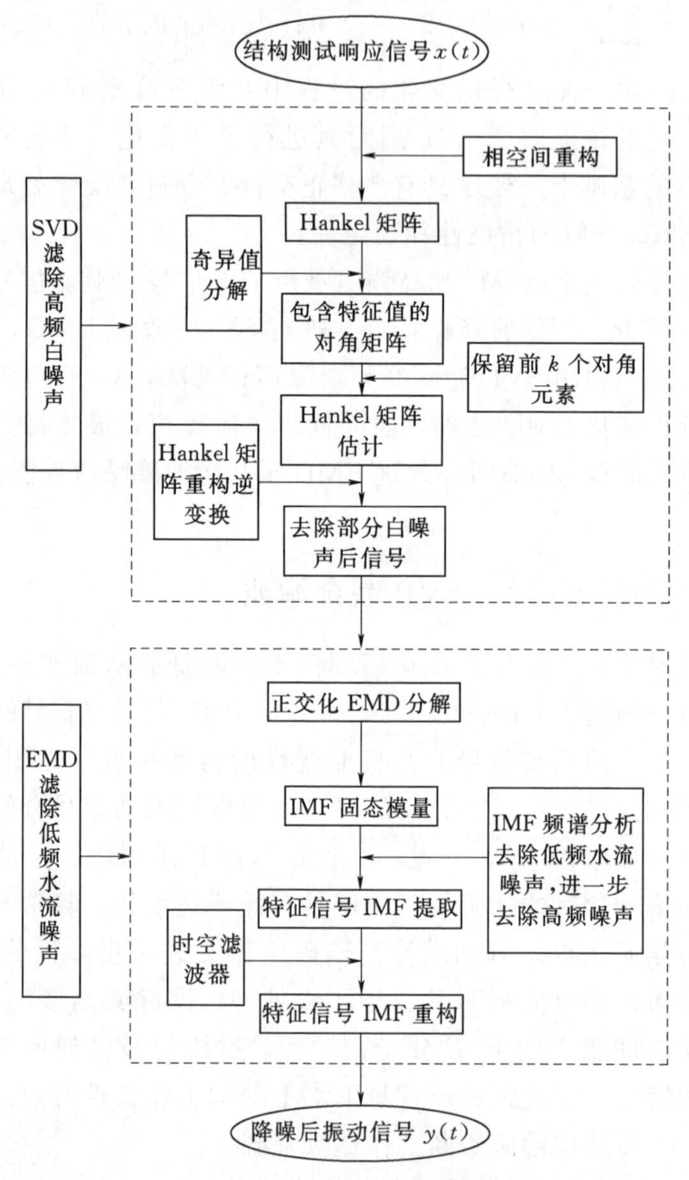

图 2.6　SVD-改进 EMD 联合滤波降噪流程图

$r_1(t)=x(t)-\text{IMF}_1$。

(2) 求第二阶 IMF 分量 IMF_2。在残差 $r_1(t)$ 中添加白噪声 $\nu^i(t)$，进行 i 次试验（$i=1, 2, \cdots, I$），每次试验均对为 $r_1^i(t)=x(t)+\nu^i(t)$进行 EMD 分解得到其第一阶分量 IMF_1^i，

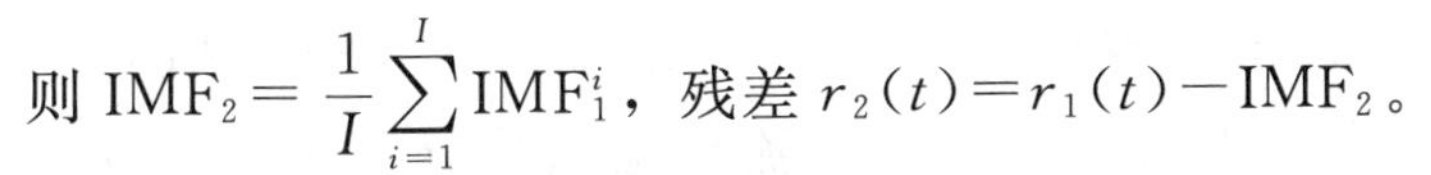

则 $\mathrm{IMF}_2=\frac{1}{I}\sum_{i=1}^{I}\mathrm{IMF}_1^i$，残差 $r_2(t)=r_1(t)-\mathrm{IMF}_2$。

（3）重复以上分解过程，得到满足要求的 IMF 分量和相应的残差，直到得到的残差为单调函数无法进行 EMD 分解时，终止运算。则信号 $x(t)$ 可表示为 $x(t)=\sum_{i=1}^{n}\mathrm{IMF}_i+r_n(t)$。

2.3.3.2 排列熵

排列熵（Permutation Entropy，PE）是由 Bandt 等人最新提出的一种动力学分析方法，该方法能够精确检测出复杂系统的动力学突变，有效衡量一维时间序列的复杂度，特别适用于非线性信号的处理。

假定长度为 N 的一维时间序列 $x(i)$，其中 $i=1$，2，…，N，以嵌入维数为 m、延迟时间为 τ 对序列里每个元素进行相空间重构，得到的矩阵如下所示：

$$\begin{bmatrix} x(1) & x(1+\tau) & \cdots & x(1+(m-1)\tau) \\ x(2) & x(2+\tau) & \cdots & x(2+(m-1)\tau) \\ \vdots & \vdots & \vdots & \vdots \\ x(K) & x(K+\tau) & \cdots & x(K+(m-1)\tau) \end{bmatrix} \tag{2.46}$$

式中：K 为矩阵的行数，即重构分量的数目。

将每一行的重构分量按照元素的数值大小进行升序排列，然后提取每个元素在排序前所在列的索引组成一个符号序列，对于 m 维相空间映射下的矩阵可能出现 $m!$ 种符号序列，若第 k 种符号序列出现的概率记为 P_k，则该时间序列 $x(i)$ 的排列熵可表示为

$$H_P(m)=-\sum_{i=1}^{k}P_i\ln P_i \tag{2.47}$$

对上述计算得到的 $H_P(m)$ 进行归一化处理，可得 $H_P=H_P(m)/\ln(m!)$。H_P 的取值在 [0，1]，其大小反映了时间序列的随机性和复杂程度，其值越大，时间序列越复杂，表明该时间序列处于随机状态。反之亦然。

2.3.3.3 CEEMDAN－SVD 联合降噪流程

针对含低频水流噪声和高频白噪声的低信噪比泄流信号，结合

CEEMDAN 和 SVD 的降噪特点，进行 CEEMDAN－SVD 联合滤波降噪。首先，利用 CEEMDAN 将泄流振动信号分解为一系列从高频到低频的 IMF 分量，运用频谱分析方法筛选包含主要结构振动信息的 IMF 分量，滤除低频水流噪声；其次，利用排列熵确定需进一步降噪的 IMF 分量，并利用奇异值分解对其进行降噪处理，滤除其高频随机噪声，保留其有效信息，实现信号的二次滤波；最后，运用频谱分析方法重构信号，最终得到反映结构振动特性的信号。CEEMDAN－SVD 联合滤波降噪流程图如图 2.7 所示。

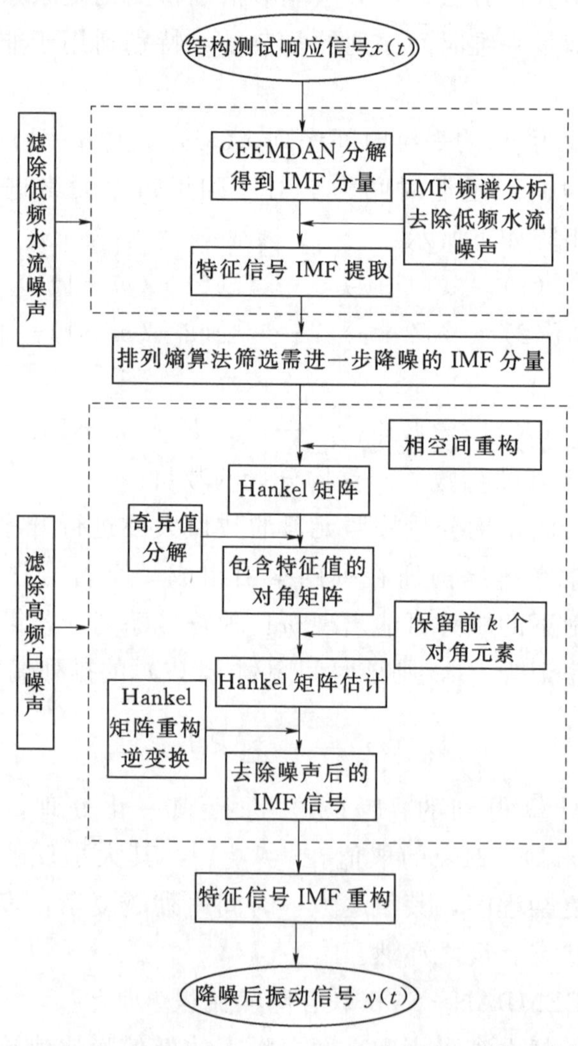

图 2.7 CEEMDAN－SVD 联合滤波降噪流程图

2.3.4 IVMD－SVD联合滤波

2.3.4.1 变分模态分解（VMD）

VMD是多分量信号自适应分解的新方法。VMD通过构造及求解变分问题确定每个IMF，从而实现信号的有效分离。

为确定IMF分量带宽，具体步骤如下：

（1）利用希尔伯特变换对各IMF进行处理，获取其单边频谱：

$$\left[\delta(t)+\frac{j}{\pi t}\right]\mu_k(t) \tag{2.48}$$

（2）加入中心频率 $e^{-j\omega_k t}$：

$$\left[\left(\delta(t)+\frac{j}{\pi t}\right)\mu_k(t)\right]e^{-j\omega_k t} \tag{2.49}$$

（3）通过计算信号梯度的平方 L^2 范数确定各IMF分量的带宽。假设原始信号经过VMD分解后得到 K 个IMF，变分约束模型可表示为

$$\begin{cases}\min\limits_{\{\mu_k\},\{\omega_k\}}\left\{\sum\limits_k\left\|\partial_t\left[\left(\delta(t)+\frac{j}{\pi t}\right)\mu_k(t)\right]e^{-j\omega_k t}\right\|_2^2\right\}\\ \sum\limits_{k=1}^{K}\mu_k=f\end{cases} \tag{2.50}$$

式中：$\{\mu_k\}=\{\mu_1,\mu_2,\cdots,\mu_k\}$表示分解得到的各IMF；$f$ 为原始信号，$\{\omega_k\}=\{\omega_1,\omega_2,\cdots,\omega_k\}$表示各IMF的中心频率。

为求解上述变分约束模型，使得计算结果更加收敛，在该模型中引入二次惩罚项 α 和拉格朗日因子 λ，即

$$L(\{\mu_k\},\{\omega_k\},\lambda)=\alpha\sum_k\left\|\partial_t\left[\left(\delta(t)+\frac{j}{\pi t}\right)\mu_k(t)\right]e^{-j\omega_k t}\right\|_2^2 \\ +\left\|f(t)-\sum_k\mu_k(t)\right\|_2^2+\left\langle\lambda(t),f(t)-\sum_k\mu_k(t)\right\rangle \tag{2.51}$$

（4）一直更新 μ_k^{n+1}、ω_k^{n+1} 与 λ^{n+1}，使其循环迭代求取式（2.51）的鞍点。

μ_k^{n+1} 的计算公式为

$$\mu_k^{n+1}=\underset{\mu_k\in X}{\operatorname{argmin}}\left\{\alpha\left\|\partial_t\left[\left(\delta(t)+\frac{j}{\pi t}\right)\mu_k(t)\right]e^{-j\omega_k t}\right\|_2^2+\left\|f(t)-\sum_i\mu_i(t)+\frac{\lambda(t)}{2}\right\|_2^2\right\} \tag{2.52}$$

将式（2.52）转换到频域上，则有

$$\hat{\mu}_k^{n+1}=\underset{\hat{\mu}_k,\mu_k\in X}{\operatorname{argmin}}\left\{\alpha\left\|j\omega[(1+\operatorname{sgn}(\omega+\omega_k))\hat{\mu}_k(\omega+\omega_k)]\right\|_2^2+\left\|\hat{f}(\omega)-\sum_i\hat{\mu}_i(\omega)+\frac{\hat{\lambda}(\omega)}{2}\right\|_2^2\right\} \tag{2.53}$$

用 $\omega-\omega_k$ 代替 ω，则有

$$\hat{\mu}_k^{n+1}=\underset{\hat{\mu}_k,\mu_k\in X}{\operatorname{argmin}}\left\{\alpha\left\|j(\omega-\omega_k)[(1+\operatorname{sgn}(\omega))\hat{\mu}_k(\omega)]\right\|_2^2+\left\|\hat{f}(\omega)-\sum_i\hat{\mu}_i(\omega)+\frac{\hat{\lambda}(\omega)}{2}\right\|_2^2\right\} \tag{2.54}$$

然后再将式（2.54）变成区间积分形式：

$$\hat{\mu}_k^{n+1}=\underset{\hat{\mu}_k,\mu_k\in X}{\operatorname{argmin}}\left\{\int_0^\infty 4\alpha(\omega-\omega_k)^2\ |\hat{\mu}_k(\omega)|^2+2\left|\hat{f}(\omega)-\sum_i\hat{u}_i(\omega)+\frac{\hat{\lambda}(\omega)}{2}\right|^2 d\omega\right\} \tag{2.55}$$

最后，可得解为

$$\hat{\mu}_k^{n+1}(\omega)=\frac{\hat{f}(\omega)-\sum_{i\neq k}\hat{\mu}_i(\omega)+\frac{\hat{\lambda}(\omega)}{2}}{1+2\alpha(\omega-\omega_k)^2} \tag{2.56}$$

同理，将中心频率 ω_k 转到频域上：

$$\omega_k^{n+1} = \underset{\omega_k}{\operatorname{argmin}} \left\{ \int_0^\infty (\omega - \omega_k)^2 \left| \hat{\mu}_k(\omega) \right|^2 \mathrm{d}\omega \right\} \tag{2.57}$$

ω_k 的更新方法如下：

$$\omega_k^{n+1} = \frac{\int_0^\infty \omega \mid \widehat{\mu_k}(\omega) \mid^2 \mathrm{d}\omega}{\int_0^\infty \mid \widehat{\mu_k}(\omega) \mid^2 \mathrm{d}\omega} \tag{2.58}$$

VMD 算法的实现流程如下：

(1) 初始化 $\{\hat{\mu}_k^1\}$，$\{\omega_k^1\}$，$\{\hat{\lambda}^1\}$ 和 n。

(2) 令 $n=n+1$，执行整个算法的循环过程。

(3) 令 $k=0$，$k=k+1$，根据式 (2.59) 和式 (2.60) 更新 μ_k 和 ω_k。

$$\hat{\mu}_k^{n+1}(\omega) = \frac{\hat{f}(\omega) - \sum_{i \neq k} \hat{\mu}_i(\omega) + \frac{\hat{\lambda}(\omega)}{2}}{1 + 2(\omega - \omega_k)^2} \tag{2.59}$$

$$\omega_k^{n+1} = \frac{\int_0^\infty \omega \mid \widehat{\mu_k}(\omega) \mid^2 \mathrm{d}\omega}{\int_0^\infty \mid \widehat{\mu_k}(\omega) \mid^2 \mathrm{d}\omega} \tag{2.60}$$

(4) 更新 λ：

$$\hat{\lambda}^{n+1}(\omega) \leftarrow \hat{\lambda}^n(\omega) + \tau \left[\hat{f}(\omega) - \sum_k \hat{\mu}_k^{n+1}(\omega) \right] \tag{2.61}$$

其中，τ 为噪声容限参数。

(5) 重复步骤 (2)～(4)，对于给定的判别精度 $e>0$，直到满足式 (2.61) 的约束条件停止迭代。

$$\frac{\sum_k \left\| \hat{\mu}_k^{n+1} - \hat{\mu}_k^n \right\|_2^2}{\left\| \hat{\mu}_k^n \right\|_2^2} < e \tag{2.62}$$

2.3.4.2 IVMD

由 VMD 原理可知，该算法中包含几个参数：模态数 K、惩罚因子 α、噪声容限 τ 以及判别精度 ε。τ 代表对噪声的容许值，τ 太大，噪声成分过大，将会影响降噪精度。ε 用于判别计算结果精度的大小。由于 τ 和 ε 对结果影响不大，通常取默认值，$\tau=0.001$，$\varepsilon=1\times10^{-7}$。$\alpha$ 主要是决定 VMD 分解得到的各 IMF 的带宽以及计算收敛速度。α 越大，IMF 带宽越小，模态混叠出现概率越低。但 α 过大计算效率降低，计算成本增加。大量研究表明 $\alpha=2000$ 时适用性最强，既能保证不发生模态混叠，计算量也不大，因此，本书取 $\alpha=2000$。

VMD 算法中模态数 K 的确定至关重要。K 值的选取极大影响结果的准确性，若 K 值太大会导致过分解，K 值太小时部分 IMF 不能被有效识别。

刘长良等利用观察法确定 K 值，但该方法计算成本高，主观性强。Wang 等利用 VMD 检测转子系统的碰磨故障，并通过数值仿真验证 VMD 算法在多特征提取方面较 EWT、EMD 和 EEMD 优越，但是其 K 的取值是根据经验进行选取的。唐贵基等利用 PSO 算法自动确定 K 的取值，但该方法的优化结果依赖于适应度函数和各项参数的设置，如果参数选择不当，将无法保证分解结果的准确性。由于高坝等水工结构工作条件复杂，K 值更难准确设定。为此，本书利用互信息法自适应地确定 K 值，从而避免人为因素对分解结果带来的干扰。

互信息（mutual information，MI）反映两变量的彼此相关性，能准确地辨别其相关水平。互信息表示如下：

$$I(X,Y)=H(Y)-H(Y|X) \tag{2.63}$$

式中：$H(Y)$ 为 Y 的熵；$H(Y|X)$ 为 X 已知时 Y 的条件熵。

当 $I(X,Y)=0$ 时，X 与 Y 相互独立。计算 IVMD 分解后的各 IMF 与原始信号 f 的互信息 I_k，并利用式（2.64）进行归一化处理，进而判断各 IMF 与 f 的相关程度，即原信号是否完全被分解。

$$\sigma_{\mathrm{i}}=\frac{I_i}{\max(I_i)} \tag{2.64}$$

当 σ_{i} 低于 $\sigma=0.02$ 时，判定 IMF 分量中已无有效特征信息，停止计算。

采用互信息法自适应确定 K 值的具体算法流程如下：

（1）初始化 $n=n+1$，令 $k=1$。

（2）$k=k+1$，执行外层循环。

（3）初始化 μ_k^1，ω_k^1，λ^1 和 n，令 $n=0$。

（4）令 $n=n+1$，执行内层循环。

（5）对一切 $\omega\geqslant 0$，根据式（2.59）和式（2.60）分别更新 μ_k 和 ω_k。

（6）由式（2.61）更新 λ。

（7）对于判别精度 $e>0$，如果满足迭代条件：

$$\sum_k \frac{\| \mu_k^{n+1}-\mu_k^n \|_2^2}{\| \mu_k^n \|_2^2}<e$$

终止进程，否则循环步骤（2）至步骤（6）。

（8）循环步骤（2）至步骤（7）直至设定阈值 σ 大于原给定信号 f 分解得到的各 IMF 与 f 的归一化互信息值 σ_i，即 $I(f-\sum m_k, f)<\sigma$，结束循环。

2.3.4.3　IVMD-SVD 联合降噪流程

IVMD 和 SVD 的联合降噪主要步骤如下：

（1）利用互信息法自适应地确定 IVMD 的模态数 K，选取最优 K 值，克服 VMD 盲目选取参数的缺点。

（2）利用 IVMD 将振动信号分解为 K 个有限带宽的 IMF，确定能够有效反映结构振动特性的 IMF，去除低频水流噪声。

（3）利用 SVD 对滤除低频噪声的 IMF 进行处理，滤除其中的高频噪声，保留有效特征信息。

（4）将去除干扰噪声的各 IMF 重构，得到降噪后信号 $y(t)$，从而提取结构的真实振动特性信息。

IVMD-SVD 联合滤波流程如图 2.8 所示。

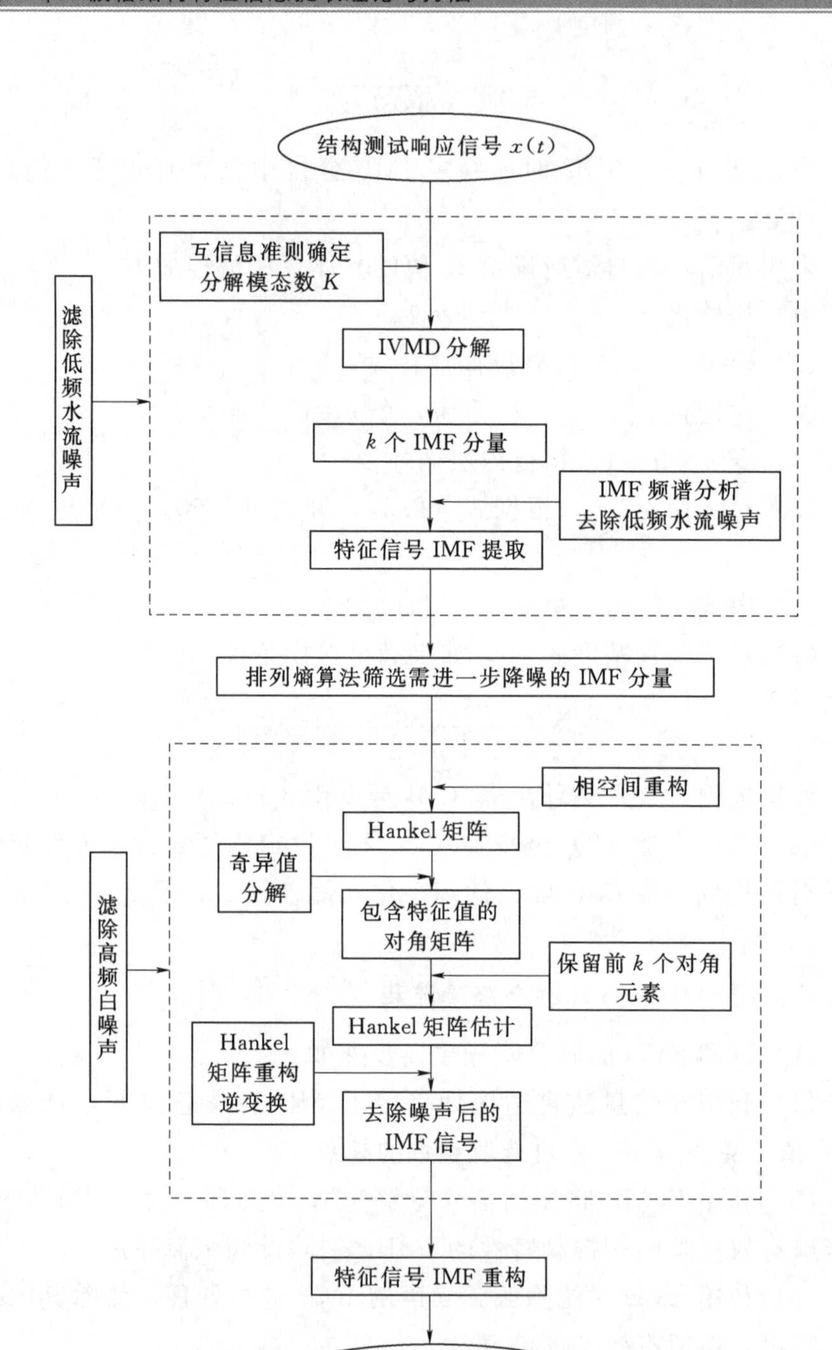

图 2.8　IVMD－SVD 联合滤波流程

2.4 仿 真 分 析

2.4.1 构造仿真信号

为检验 IVMD－SVD 联合滤波方法的可靠性，构造了一条叠加低频和高频噪声的加噪信号 $f_1(t)$，其表达式如下：

$$f_1(t)=x(t)+x_1(t)+x_2(t) \tag{2.65}$$

纯净信号：

$$x(t)=10e^{-t\pi/2}\sin(16t)+5e^{-t/3}\sin(25t) \tag{2.66}$$

低频噪声：

$$x_1(t)=8e^{-t/3}\sin(3t) \tag{2.67}$$

白噪声：

$$x_2(t)=4\text{randn}(m) \tag{2.68}$$

式中：t 为时间；m 为样本数；randn(m) 为白噪声，其服从标准正态分布；采样频率 $f=100\text{Hz}$，采样时间 $t=10s$。

以信号 $f_1(t)$ 为例，分别利用数字滤波、SVD、小波阈值、EMD、EWT、IVMD 以及 IVMD－SVD 对其进行降噪分析，验证 IVMD－SVD 方法的有效性。加噪信号 $f_1(t)$ 与纯净信号 $x(t)$ 的时程及功率谱曲线对比分别如图 2.9 和图 2.10 所示。

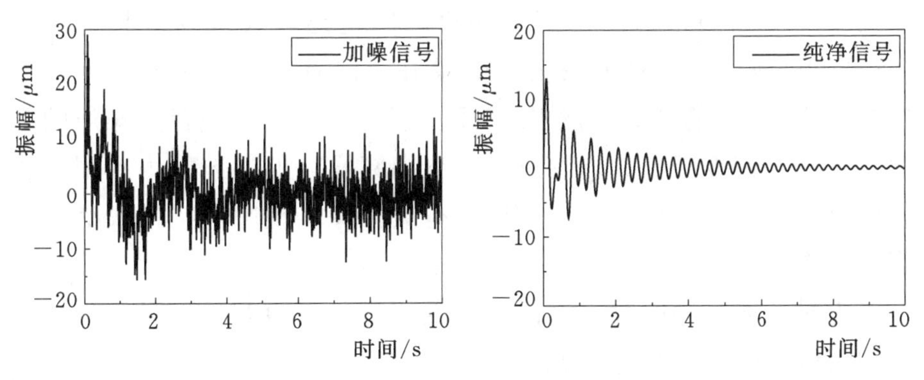

图 2.9 加噪信号 $f_1(t)$ 与纯净信号 $x(t)$ 的时程曲线对比

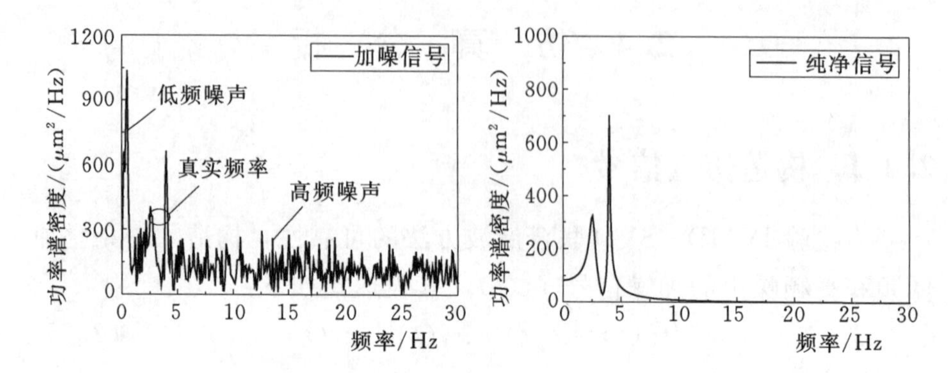

图 2.10　加噪信号 $f_1(t)$ 与纯净信号 $x(t)$ 的功率谱曲线对比

2.4.2　仿真对比与结果分析

由图 2.10 可知，纯净信号 $x(t)$ 的部分真实频率被低频和高频噪声所掩盖，这将严重影响特征信息提取精度。为此，分别采用数字滤波、SVD、小波阈值、EMD、EWT、IVMD 以及 IVMD - SVD 等方法对加噪信号 $f_1(t)$ 进行降噪，加噪信号 $f_1(t)$ 降噪后的功率谱对比如图 2.11 所示。

由图 2.11 可知，数字滤波可去除部分噪声，但是信号 $x(t)$ 的真实频率受噪声的干扰依然较大；小波阈值基本能滤掉高频噪声，但主频为 0.5Hz 的低频噪声未能成功滤掉，且该噪声成分所占比例较大；SVD 能够滤掉高频噪声，但是还有大量的低频噪声残余；EMD 较以上三种方法去噪效果好，但对高频噪声的滤波能力较差；EWT 的滤波效果优于 EMD，但是由于受到强背景噪声的影响，其滤波精度降低；IVMD 对部分高频噪声的滤波能力有限。相较以上六种方法，IVMD - SVD 可有效去除干扰噪声，提取信号的真实频率，精度较高。

为对上述几种降噪方法的滤波性能进行更直观地定量分析，分别利用以下两个指标进行滤波评价。

信噪比（Signal - to - Noise Ratio，SNR）：

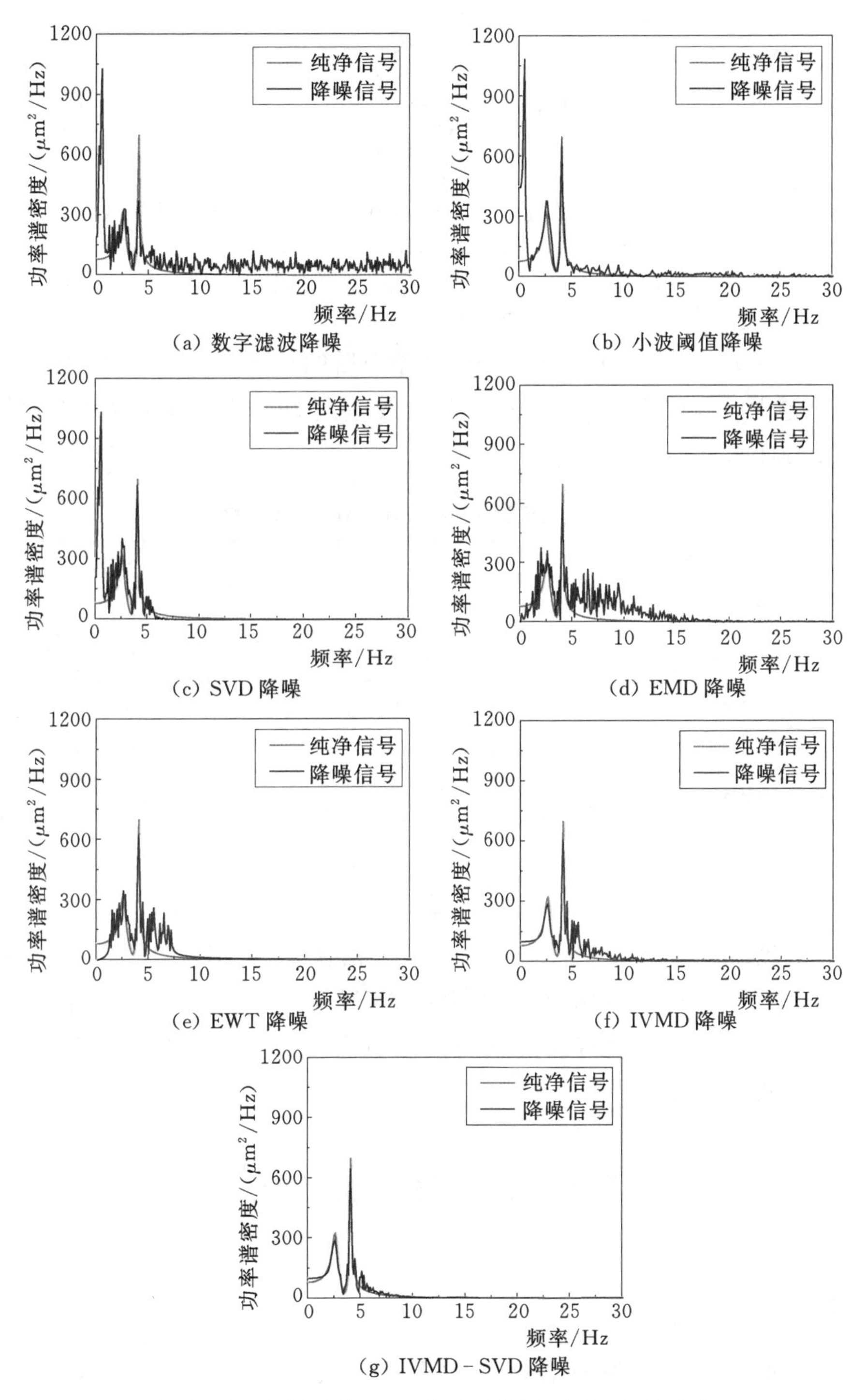

图 2.11 加噪信号 $f_1(t)$ 七种滤波方法结果对比

$$SNR = 10\lg\left\{\frac{\frac{1}{n}\sum_{i=1}^{n} f^2(n)}{\frac{1}{n}\sum_{i=1}^{n}\left[f(n) - \widehat{f(n)}\right]^2}\right\} \tag{2.69}$$

根均方误差（Root Mean Square Error，RMSE）：

$$\text{RMSE} = \sqrt{\frac{1}{n}\sum_{i=1}^{n}\left[f(n) - \widehat{f(n)}\right]^2} \tag{2.70}$$

式中：$f(n)$ 为原始信号；$\widehat{f(n)}$为降噪后的信号。

SNR 越大，RMSE 越小，表明去噪效果越好。上述七种滤波方法的结果对比见表 2.1。

表 2.1　　七种滤波方法 SNR 和 RMSE 结果对比

降噪方法	SNR	RMSE
数字滤波	−5.8049	3.6355
小波阈值	−2.1278	2.4971
SVD	−2.0366	2.3865
EMD	1.4105	1.8382
EWT	1.7638	1.5210
IVMD	3.5286	1.2843
IVMD - SVD	4.4359	1.1182

由表 2.1 可知，与其他几种方法相比，IVMD - SVD 方法的 SNR 最大，RMSE 最小。结果表明 IVMD - SVD 方法滤除噪声的能力更强，提取信号特征信息的精度更高，对于低信噪比的信号具有更强的适用性。

2.5　工　程　实　例

2.5.1　工程概况

广东省长岗坡渡槽是“引太灌金”大型水利工程中的典型工程，位于罗定市罗平镇。本工程属于拱式渡槽中的肋拱渡槽，其特

点为结构轻、跨度大，工程量小。渡槽共5200m长，槽底比降1/1500，设计输入流量25m³/s，单个拱宽最大为51m，垂直高度最大为37m。长岗坡渡槽采用矩形断面形式。槽身过水断面尺寸：6m×2.02m（宽×高），底板厚0.2m，边墙厚0.25m。边墙上沿槽身纵向间隔2.15m设置拉梁，宽0.15m，厚0.1m。边墙顶部设有人行道，槽身结构为钢筋混凝土结构，渡槽槽身横断面尺寸如图2.12所示，纵断面尺寸如图2.13所示。

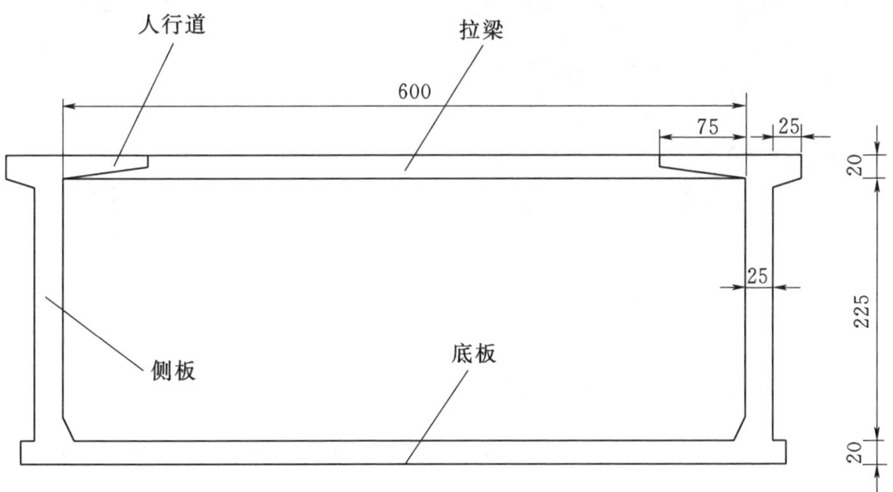

图2.12 槽身横断面图（单位：cm）

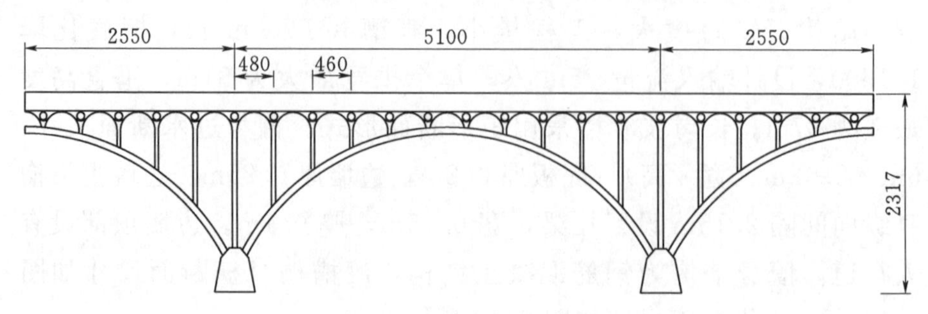

图 2.13　渡槽纵断面（单位：cm）

2.5.2　工程测点布置

选取长岗坡渡槽最大相邻跨度的 89 号、90 号和 91 号跨为研究对象采用多测点布置形式对结构进行信号数据采集，提取其在运行工况下的振动特征信息。根据渡槽结构自振特点，在该三跨渡槽的典型位置上共布设 6 个测点、14 个通道，上游渡槽布设两个测点，包含 10～14 号通道；中间渡槽布设两个测点，包含 5 号、9 号通道；下游渡槽布设两个测点，包含 1～4 号通道。该次测试的采用频率为 100Hz，采样时间为 300s。传感器和测点布设示意图如图 2.14 和图 2.15 所示。

图 2.14　传感器示意图

数据的采集时间是 2019 年 4 月 16 日 10：00，运行水位 1.40m，测试采用的传感器是 941B 型地震低频振动传感器。利用 DASP 信号采集系统进行振动数据的采集及分析，振动测试系统如图 2.16 所示。

2.5.3　IVMD－SVD 联合降噪

采用本书提出的 IVMD－SVD 方法提取结构的运行特征信息，限于篇幅，仅给出 3 号测点（包含水平向 3 通道）的处理过程及结果。以 3 通道振动信号为例，其滤波前原始信号的时程及功率谱曲

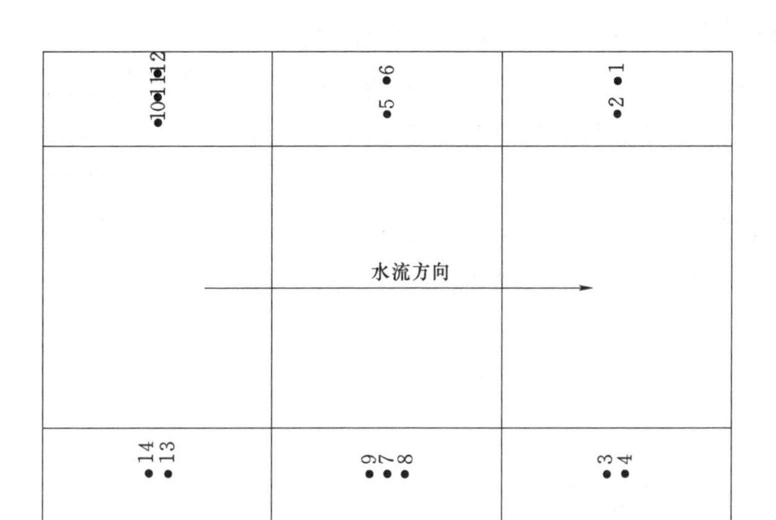

图 2.15 测点布设示意图

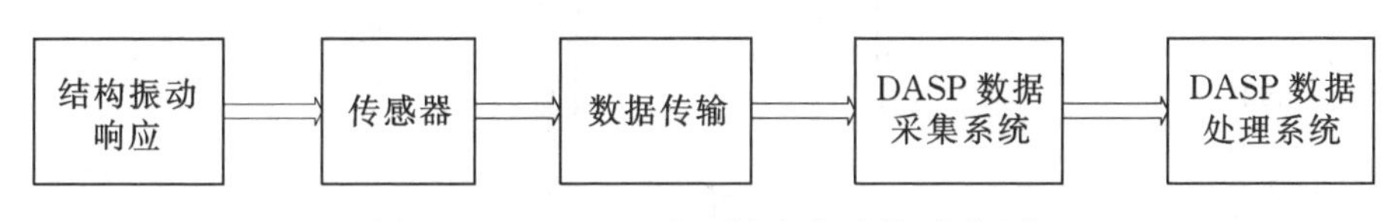

图 2.16 DASP 振动测试系统示意图

线如图 2.17 所示，由图可知，所测得的原始信号中含有大量的噪声，主要是低频水流噪声和高频白噪声，这些噪声会掩盖结构的真

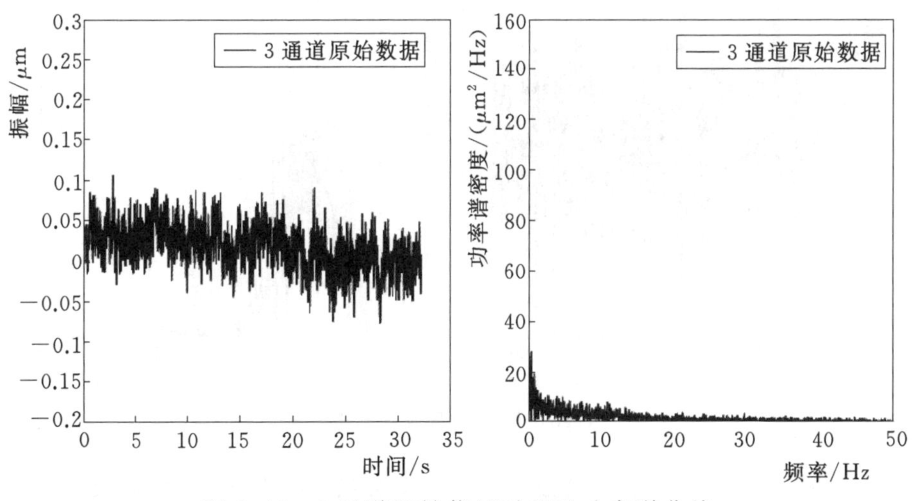

图 2.17 3 通道原始信号时程及功率谱曲线

实振动信息，进行影响结构的安全监测精度。

利用 IVMD - SVD 对 3 通道信号降噪，滤除干扰信息。首先，利用互信息法确定 IVMD 的模态数，3 通道信号通过 IVMD 分解后得到 8 个不同的 IMF，各 IMF 的时程及功率谱曲线如图 2.18 所示。由图 2.18 可知，IMF1 的优势频率小于 1Hz。文献指出主频小于 1Hz 的 IMF 属于低频水流噪声，因此，滤除 IMF1。

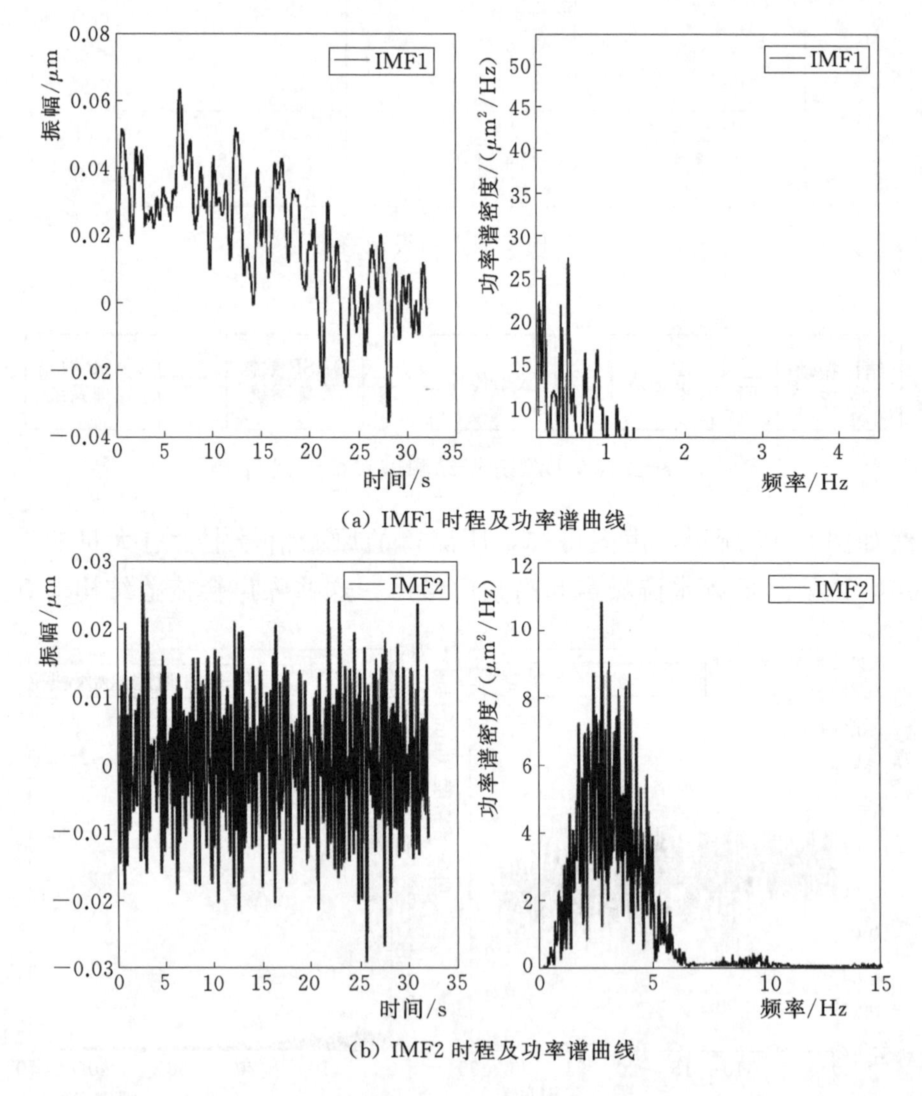

(a) IMF1 时程及功率谱曲线

(b) IMF2 时程及功率谱曲线

图 2.18（一）　IVMD 分解后各 IMF 分量的时程及功率谱曲线

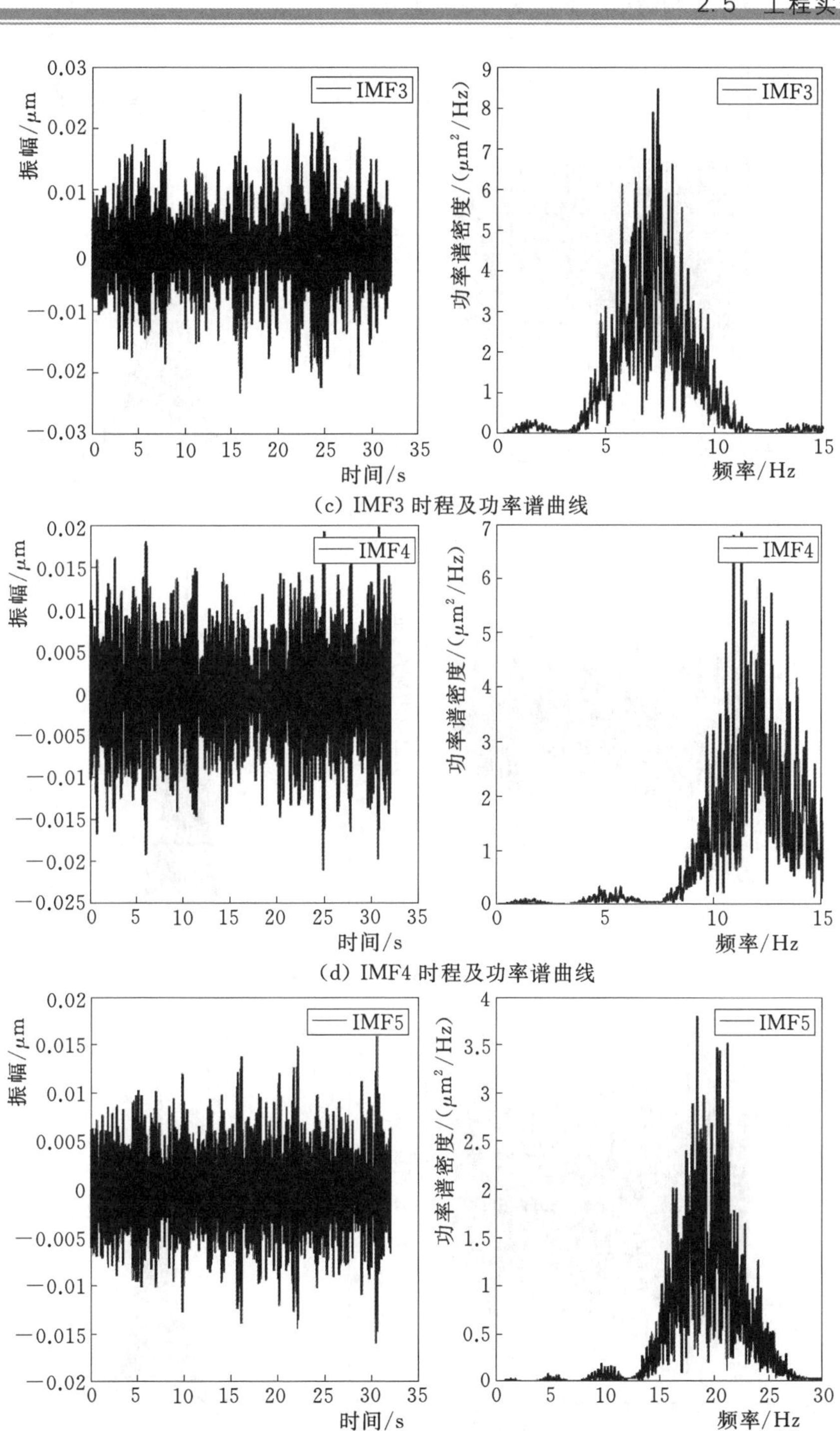

(c) IMF3 时程及功率谱曲线

(d) IMF4 时程及功率谱曲线

(e) IMF5 时程及功率谱曲线

图 2.18（二） IVMD 分解后各 IMF 分量的时程及功率谱曲线

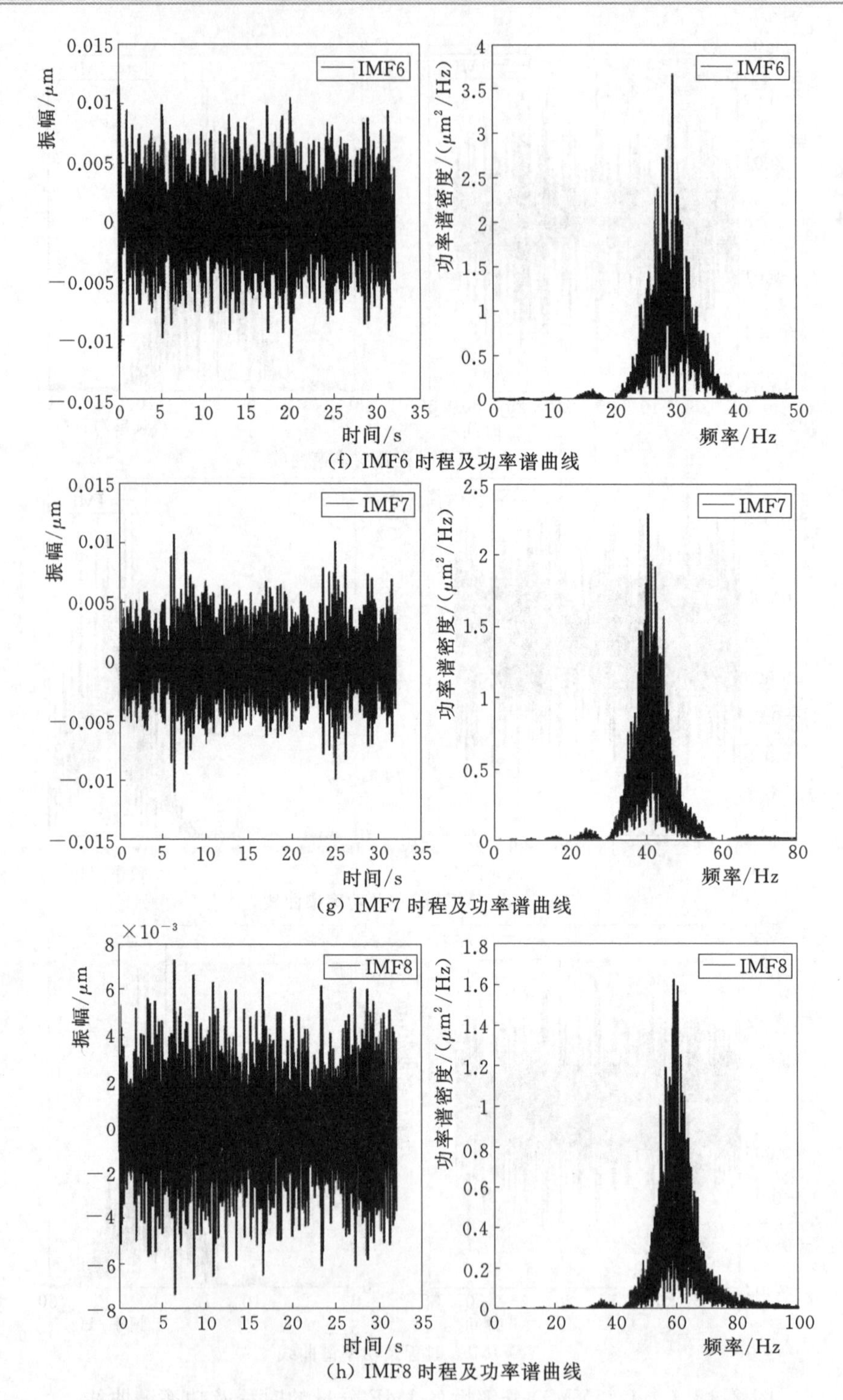

(f) IMF6 时程及功率谱曲线

(g) IMF7 时程及功率谱曲线

(h) IMF8 时程及功率谱曲线

图 2.18（三）　IVMD 分解后各 IMF 分量的时程及功率谱曲线

滤除水流噪声后，计算 IMF2～IMF8 的熵值，排列熵大于 0.5 的 IMF 含有大量高频噪声，需滤除高频噪声。经计算，各分量的排列熵见表 2.2，由于 IMF2 和 IMF3 的熵小于 0.5，噪声比例较小，无须再降噪，IMF4～IMF8 的熵大于 0.5，利用 SVD 降噪方法对 IMF4～IMF8 处理，滤除高频噪声。

表 2.2　　IMF 分量的排列熵

分量	IMF2	IMF3	IMF4	IMF5	IMF6	IMF7	IMF8
排列熵	0.42	0.49	0.61	0.66	0.7	0.76	0.81

以 IMF8 为例，对 IMF 分量再降噪的方法及结果与 IMF8 降噪后的时程及功率谱曲线进行展现，如图 2.19 和图 2.20 所示。

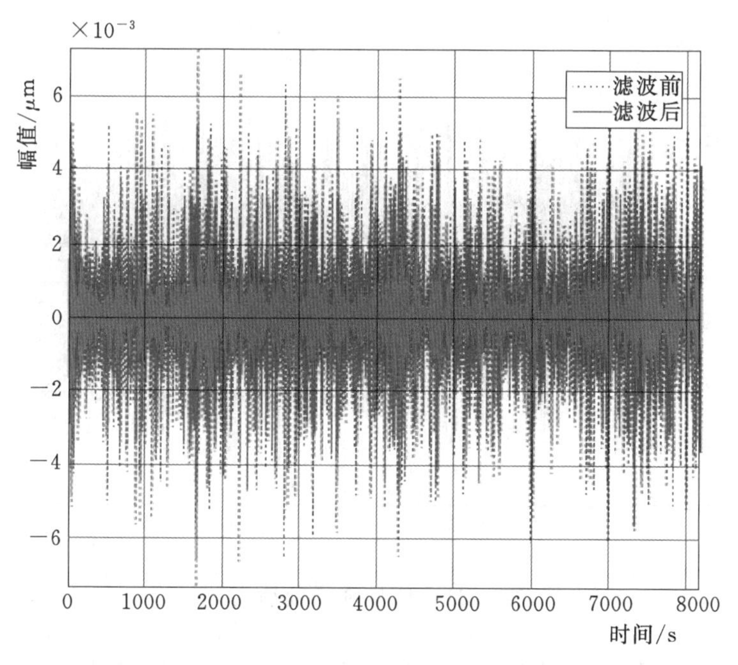

图 2.19　IMF8 采用 SVD 再降噪后的时程对比图

最后，将重构降噪后的 IMF4～IMF8 以及 IMF2、IMF3 借助 Excel 软件进行整合，可得到 3 通道降噪后的信号。借助 MATLAB 的绘图功能，可获得降噪前后的时程对比图（见图 2.21），降噪后信号的时程及功率谱曲线（见图 2.22）。

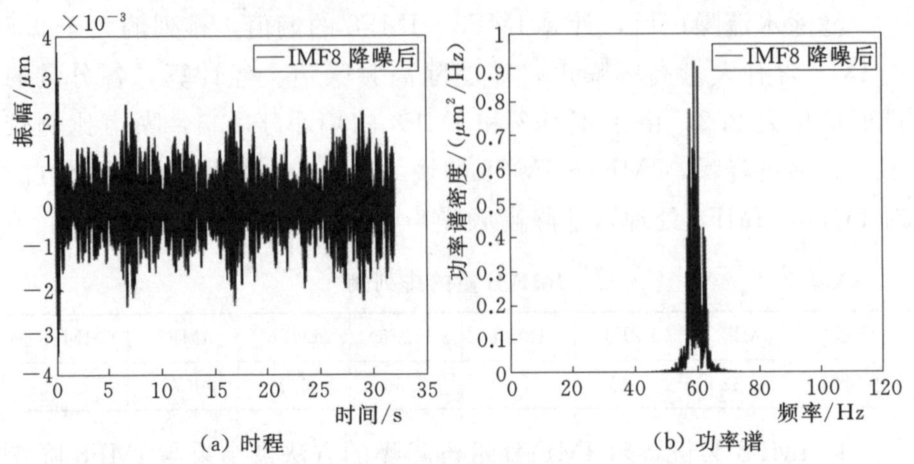

(a) 时程 (b) 功率谱

图 2.20 IMF8 降噪后的时程及功率谱曲线

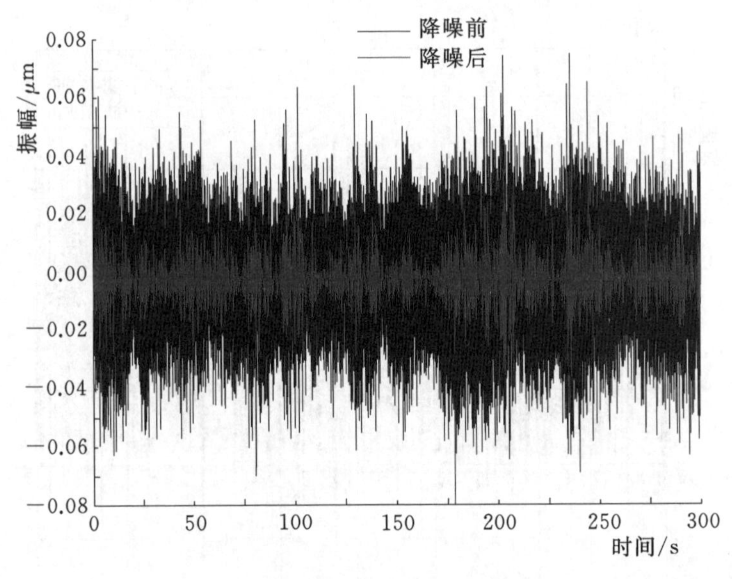

图 2.21 信号降噪前后对比

通过降噪前后时程对比图，可发现滤波后的数据与滤波前相比，振动幅度较为平稳。通过分析图 2.22 中的功率谱曲线可发现，3 通道的水平向振动频率主要为 5.5Hz。

由此可以得出，IVMD－SVD 方法可以较好地滤除不同程度的噪声，获取表征结构真实运行状态的数据，计算精度更高，且误差较小。该方法对渡槽结构及类似工程结构的噪声滤除和振动特征提

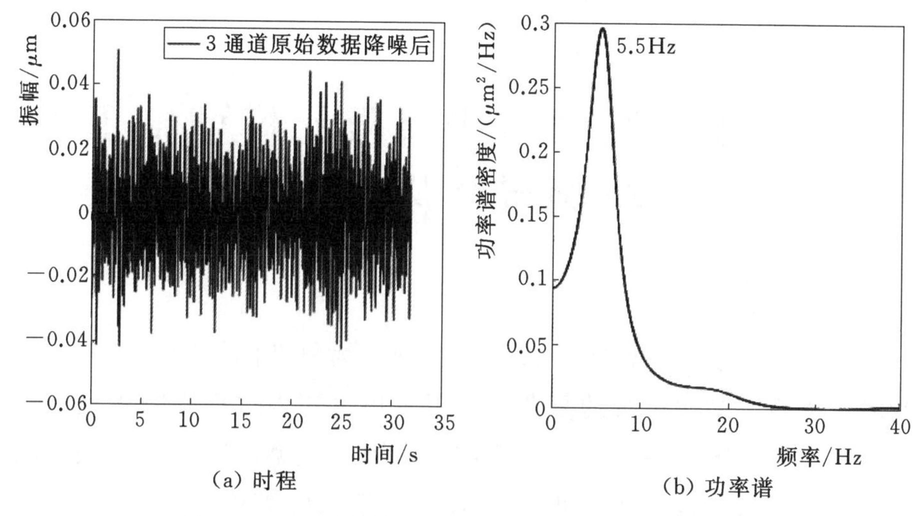

图 2.22　3 通道信号降噪后的时程及功率谱曲线

取具有一定的参考价值。

2.6 本 章 小 结

本章介绍了几种常用的降噪方法，并说明了各个方法的优势和弊端。针对传统方法的不足，提出了 IVMD - SVD 联合滤波方法，从而提取结构的真实振动特性。

IVMD - SVD 方法结合了 IVMD 和 SVD 的优势，首先利用 IVMD 滤除信号中的低频水流噪声，防止低频噪声对结构自身振动特性的干扰，然后利用 SVD 去除残余的高频噪声，进一步提高滤波精度。

构造仿真信号将本章提出的 IVMD - SVD 联合滤波方法与数字滤波、小波阈值、SVD、EMD、EWT、IVMD 等方法进行对比，对比结果表明：IVMD - SVD 可同时去除低频和高频噪声，降噪能力强，提取特征信息的精度较高，对于水工结构信号具有较强的适用性。

将 IVMD - SVD 法应用于长岗坡渡槽，提取结构的真实运行特征信息。该方法为解决渡槽结构的特征信息提取拓宽了新思路，为其安全监测及安全评价提供了基础，工程实用性强。

第3章 渡槽结构有限元模型修正与测点优化布置

渡槽结合水渠与桥梁构造，是一种较为复杂的结构。尤其是大型多跨渡槽，结构本身的复杂性，以及仿真建模过程中隐含理想化假定和简化的客观原因，使渡槽仿真有限元模型的精度出现较大问题。模型参数的设定极大地影响有限元计算的准确性，在实践中，为取得目标结果常常经验性地更改参数，使模型不确定性增大，进而使计算误差叠加，可采用模型修正技术来解决这一问题。模型修正研究是结构工程等领域一个重要的研究方向，对于大型工程结构仿真模型修正问题，如何获取并结合完整有效的振测频率高效精准地优化模型参数还有待研究。

3.1 模型修正方法

3.1.1 概述

有限元模型修正研究可以视为环境激励下结构模态辨识的反问题，即以实测频率为目标优化结构模型。本章结合具体渡槽工程，提出一种兼顾优化目标与参数优化环节的模型修正方法。对建立的渡槽有限元模型进行修正研究，使修正后的模型计算出的频率与实测频率吻合较好，解决了大型多跨渡槽仿真模型精度问题。模型修正包括两个环节，优化目标的获取以及模型参数的优化。本书基于信息融合算法以及RSM的大型渡槽有限元模型修正能够兼顾两个环节，具体流程如图3.1所示。本章模型修正研究是本书的重要组成部分，作为后续风-震下动力研究的重要基础，有效提高有限元

模型的计算精度，为相关类似结构仿真研究提供一种常效性步骤。

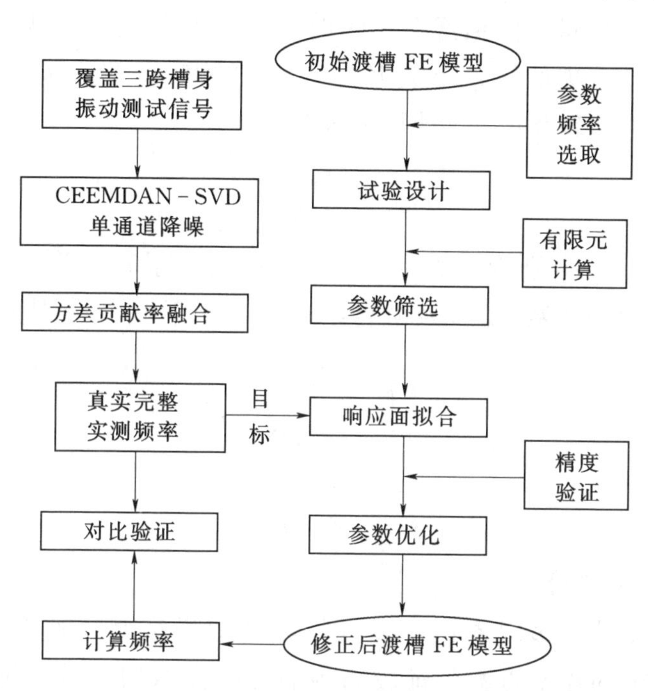

图 3.1 信息融合联合响应面的渡槽有限元模型修正流程图

3.1.2 基本理论

3.1.2.1 优化目标

以实测频率为目标对模型参数进行优化，实测频率的完整有效尤为重要。由于原始测试信号受到环境激励作用下低频水流噪声和高频白噪声的影响，结构运行特征信息被噪声淹没，严重影响结构模态辨识精度。因此，采用 CEEMDAN - SVD（Complete Ensemble Empirical Mode Decomposition with Adaptive Noise Singular Value Decompose）算法对原始测试信号降噪，降低噪声对结构振动特征信息的影响。引入方差贡献率数据级融合算法对多通道振动测试信号融合以获得完整有效的振动频率。方差贡献率能够有效利用不同通道信号的相关性、互补性，使融合后的信息保留了结构的整体振动特性。该算法在使用同一种传感器进行数据采集的基础上，能够将大量原始信息进行融合，使内容丰富详细且精确性较高。其基本原理如下：

当有 p 个同类传感器在一定时长内同时采集 h 个振动数据时，设传感器 p 采集的第 q 个数据为 s_{pq}，则该数据在第 p 组数据序列中的方差贡献率为 K_{pq}，计算公式为

$$K_{pq}=\frac{(s_{pq}-\mu_p)^2}{h\sigma_p^2} \tag{3.1}$$

式中：μ_p、σ_p^2 分别为采集到的 h 个数据的期望和方差。

s_{pq} 的融合系数 a_{pq} 以及融合结果 s_q 的计算公式分别为

$$a_{pq}=\frac{K_{pq}}{\sum_{p=1}^{p}K_{pq}} \tag{3.2}$$

$$s_q=\sum_{p=1}^{p}a_{pq}s_{pq} \tag{3.3}$$

3.1.2.2　试验设计

试验设计是多因素优化设计模型的取样策略。利用试验设计，可以用较少的样本点数保证较高的响应面模型的精度。试验设计的三个要点包括：确定试验因素、对选定的试验因素恰当地确定其水平、确定合理的水平区间。中心复合设计（Central Composite Design，CCD）根据二次多项式的特点构造，所取的样本为各个因子的端点和设计空间的中心点，适用于二次多项式响应面。其两因素（$k=2$）试验点分布由如图 3.2 所示，由 3 类试验点组成，包括 4 个星号试验点（arial point）、4 个水平试验点（factorial point）和 1 个零水平试验点（central point）。

3.1.2.3　参数筛选

参数筛选是参数优化中的重要一环。传统的模型修正技术采用灵敏度分析方法，其仅计算特征量的局部灵敏度，具有一定局限性。本书采用方差分析法，从全局角度出发，在整个设计空间上挑选对特征量有显著影响的设计参数。采用方差分析的 F 检验法进行参数筛选，将样本数据的总偏差平方和分解为各因素以及误差的偏差平方和，应用 F 值检验法进行假设检验，筛选出显著性参数。

假设 A 为某个设计因素，对其进行 F 检验，统计量为

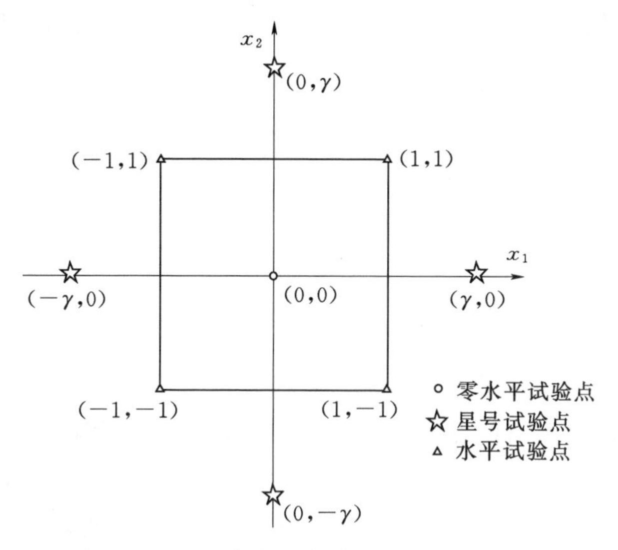

图 3.2 两因素中心复合设计试验点分布

$$F_A=\frac{SS_A/f_A}{SS_e/f_e}\sim F(J_A,J_e) \tag{3.4}$$

式中：f_A、f_e 分别为因素和偏差的自由度；SS_A 为样本数据中由因素引起的偏差平方；SS_e 为误差引起的偏差平方和。

对于给定的显著性水平 α，F 检验法则为：若 $F\geqslant F_{1-\alpha}(f_A,f_e)$，则认为设计参数 A 影响显著，否则认为不显著。

3.1.2.4 响应面法

响应面是通过一系列确定性的试验设计拟合一个模拟真实极限状态的曲面。其基本思想是通过假设一个包含未知数的极限状态函数与基本变量之间的解析表达式来替代真实的不能明确表达出的结构极限状态函数。响应面法是一项统计学的综合优化方法，用于处理几个因素对一个系统的作用问题，也就是系统的输入（因素）与输出（响应）的转换关系问题。本书采用二次多项式响应面模型：

$$y=\beta_0+\sum_{i=1}^{k}\beta_i x_i+\sum_{i=1}^{k}\sum_{j=1}^{k}\beta_{ij}x_i x_j+\sum_{i=1}^{k}\beta_{ii}x_i^2 \tag{3.5}$$

式中：$x_i\in[x_i^l,\ x_i^u]$，x_i^l、x_i^u 为设计参数的取值范围；β_0、β_i、β_{ij}、β_{ii} 为回归系数。

对构建完成后的响应面模型进行精度检验，对于多个响应面模型和较复杂模型，主要采用复相关系数（R^2）检验以及相对均方根误差（RMSE）检验等，计算公式如下：

$$R^2 = 1 - \frac{\sum_{j=1}^{N} [y_{RS}(j) - y(j)]^2}{\sum_{j=1}^{N} [y(j) - \overline{y}]^2} \tag{3.6}$$

$$\text{RMSE} = \frac{1}{N\overline{y}} \sqrt{\sum (y - y_{RS})^2} \tag{3.7}$$

式中：y_{RS}为响应面模型的计算值；y 为真值（即有限元分析的计算结果）；$\overline{y}$ 为真值的平均值；N 为设计空间中检验点的数量。

R^2的取值范围是 0～1，其值越接近 1，表明获得的响应面模型就越准确，当R^2的值小到一定程度，应该重新规划因素水平后进行试验设计；*RMSE* 值检验法则，则情况相反。重新规划因素水平后进行试验设计，*RMSE* 值检验法则，则情况相反。

3.2　传感器优化布置方法

3.2.1　概述

结构健康监测是随着计算机和信号分析技术的进步而发展起来的一种无损检测技术，其核心是通过传感器和信息处理技术，进行有限元模型修正、结构模态参数识别、结构损伤识别及健康状况评估等工作。其中，传感器的布置直接决定了测得的数据是否有效，对结构健康监测系统的准确性及精确度有很大影响。传感器优化布置，即通过在关键部位布设有限数量的传感器，最大限度地从被噪声污染的信号中采集到最有价值的振动信息，是结构健康监测系统的关键问题之一，也是近几年结构安全监测领域的研究热点。

传感器优化布置方法可分为传统算法和非传统算法。有效独立法（Effective Independence method，EI）、模态置信准则、QR 分解法及能量法都属于传统的传感器优化布置方法，但都有各自的局限性。近些年发展起来的非传统算法主要包括遗传算法、模拟退火算法等。黄维平等通过遗传算法，解决了香港青马大桥的健康监测问题；Patrick Kirk 等考虑到大规模组合优化问题的求解与物质体系的退火过程有很多相似性，将其应用于传感器优化布置问题。这些群智能算法通过对传统算法思想变通，寻求全局最优值，但其稳定性和搜索能力仍存在不足，需作进一步的研究。在传统优化算法中，有效独立法是目前应用最为广泛的传感器布置方法之一，其基本思想是保留对模态向量线性无关贡献最大的测点，用有限的传感器得到尽可能多的模态信息，从而获得对模态的最佳估计。何龙军等提出了基于距离系数修正矩阵的距离系数-有效独立法，有效避免了大型空间结构测点间信息冗余问题；袁爱民等结合有效独立法和模态置信保证准则的优点，保证了桥梁结构信息向量的线性无关性和正交性；刘伟等在考虑截断模态线性独立的同时选择具有较高模态动能的测点位置，提出了有效独立-模态动能法，具有较强的抗噪能力。

上述传感器优化方法在桥梁、厂房、桁架等结构中已得到很好证明，但是对渡槽等薄壁结构传感器的优化布置研究较少。渡槽结构的工作稳定性会受水力激振、外界环境等不同程度的振动干扰，振动对于渡槽是一种交变动的荷载，长期振动会引起渡槽槽身和支座（墩）材料的疲劳破坏，甚至影响与渡槽相连设备的安全运行。尤其在渡槽连接段，疲劳破坏极易引发止水断裂、水流外泄，造成严重的生产事故，这些位置对传感器测点的布置要求更高。然而，在实际工程中多是根据经验进行布置，具有很大的主观性及盲目性。因此把传感器优化布置理论推广并应用到渡槽结构中，是一个非常有意义的课题，也是当前结构健康监测和动态识别研究的需要。

有效独立法致力于获得对模态空间估计独立性最好的测点，通过计算测点间的协方差矩阵，找到测点独立性最好的传感器位置，此时两个候选节点或自由度可能对模态向量的贡献度都很大，但不一定分布在能量较大测点，可能丢失结构重要信息。本书为解决长距离薄壁输水结构的传感器优化布置问题，针对有效独立法这一局限性，从测点能量的角度出发，将测点的总位移以权重的方式加入传感器优化布置过程中，同时保留有效独立法的优点，提出适用于渡槽结构传感器优化布置的有效独立-总位移法（Effective Independence - Total Displacement method，EI - TD）。以长岗坡渡槽为例，运用模态保证准则、最大奇异值比、Fisher 信息矩阵值和总位移幅值等指标，对有效独立-总位移法和有效独立法进行分析评价，并对传感器优化前与优化后实测数据进行比较分析，通过实测数据的 Fisher 信息矩阵值判断其信息量的多少，进而判断方案的优劣。

3.2.2　传感器优化布置方法

3.2.2.1　有效独立法

有效独立法是由 Kammer 最早提出的一种传感器优化布置方法，也是应用最广泛的方法之一。它的核心思想是从所有可能的测点出发，依次消除使 Fisher 信息矩阵行列式变化最小的自由度，保留对目标模态线性无关贡献最大的点，最终得到对模态空间估计最佳的传感器优化布置方案。

设结构的动力响应方程为

$$U_s = \Phi_s q = \sum_{i=1}^{m} \phi_i q_i \tag{3.8}$$

式中：U_s 为传感器的输出列向量；Φ_s 为测得的 $n \times m$ 阶模态矩阵，n 为自由度数，m 为模态阶数；q 为目标模态坐标向量；ϕ_i 为第 i 阶模态振型向量。

由式（3.8）得 q 的最小二乘估计表达式为

$$\hat{q} = [\Phi_s^{\mathrm{T}} \Phi_s]^{\mathrm{T}} \Phi_s^{\mathrm{T}} U_s \tag{3.9}$$

考虑结构响应中的噪声 S，式（3.8）可化为

$$U_s = \Phi_s q + S = \sum_{i=1}^{m} \phi_i q_i + S \tag{3.10}$$

则可得到 q 的协方差矩阵为

$$P = E[(\hat{q} - q)(\hat{q} - q)^{\mathrm{T}}] = \left[\frac{1}{\sigma^2} \Phi_s^{\mathrm{T}} \Phi_s\right]^{-1} = Q^{-1} \tag{3.11}$$

$$Q=\frac{1}{\sigma^2}\Phi_s^{\mathrm{T}}\Phi_s=\frac{1}{\sigma^2}A \tag{3.12}$$

Q 称为 Fisher 信息矩阵，Q 最大的时候，协方差矩阵最小，也就可以得到 q 的最小二乘估计。而 A 取得最大值时，Q 也取得最大值，因此，可以用 A 来反映 Q。矩阵 A 的特征方程为

$$(A-\lambda I)\psi=0 \tag{3.13}$$

其中：λ 和 ψ 分别为矩阵 A 的特征值和特征向量，则有

$$\psi^{\mathrm{T}}A\psi=\lambda \tag{3.14}$$

$$\psi^{\mathrm{T}}\lambda^{-1}\psi=A^{-1} \tag{3.15}$$

构建矩阵 E，令 $E=\Phi_s\psi\lambda^{-1}(\Phi_s\psi)^{\mathrm{T}}$，则

$$E=\Phi_s A^{-1}\Phi_s^{\mathrm{T}}=\Phi_s\left[\Phi_s^{\mathrm{T}}\Phi_s\right]^{-1}\Phi_s^{\mathrm{T}} \tag{3.16}$$

E 为幂等矩阵，其对角线上第 i 个元素 E_{ii} 表示第 i 个测点自由度对模态矩阵线性无关的贡献。E_{ii} 越接近与 1，则说明第 i 个自由度对目标模态向量的线性独立性贡献越大，测点被保留；E_{ii} 越接近于 0，说明该自由度对目标模态线性无关的贡献越小，测点被舍弃。有效独立法就是从全部可能的测点中逐步舍弃那些对目标模态线性无关贡献小的测点，从而得到传感器优化布置方案。

3.2.2.2 有效独立-总位移法

在实际结构中，出现损伤处的位移一般都比较大，位移大的测点，其相应的应变能也较大。然而通过有效独立法的推导可以发现，有效独立法只考虑了剩余测点对目标模态独立性的贡献，可能会造成选取的测点能量较低，丢失重要信息的结果。为了弥补这一不足，本书在有效独立法的基础上提出有效独立-总位移法。有效独立-总位移法（EI－TD 法）使优化测点的总位移较大，保留了响应较大的测点，同时确保所选测点间有较好的独立性，充分综合了二者的优点。

EI－TD 法进行传感器优化布置的步骤为：

（1）建立结构有限元模型，进行模态分析，提取结构的模态矩阵 Φ。

（2）求出每个自由度在各阶模态的总位移 D_i 以及所有自由度

的总位移和D，并计算出每个D_i所占的百分比η_i：

$$\eta_i = \frac{D_i}{D} \tag{3.17}$$

（3）由所选模态向量求有效独立信息矩阵：

$$E = \Phi_s [\Phi_s^T \Phi_s]^{-1} \Phi_s^T \tag{3.18}$$

记有效独立信息矩阵对角线元素之和为E。计算出E_{ii}所占的百分比δ_i：

$$\delta_i = \frac{E_{ii}}{E} \tag{3.19}$$

（4）记$\theta_i = \eta_i + \delta_i$，删除最小$\theta_i$对应的自由度。

（5）将剩余的传感器组成新的模态矩阵，重复步骤（2）～（4）直至得到预定的传感器数目。

3.3 实 例 分 析

3.3.1 渡槽有限元模型修正

3.3.1.1 工程概况及有限元模型

某大流量农业灌溉工程，其总扬程达713m，总干渠渡槽共26座。渡槽槽身断面类型为U型薄壁结构，半径为2m，单跨长为12m；槽身纵向为简支梁结构，排架支撑为π型钢混结构；基础设计尺寸为5m×2.0m×2.0m，基础底部到槽顶高为18.5m；槽体腹板厚度尺寸为0.2m，槽底板厚尺寸为0.8m，槽体排架设计横断面尺寸为0.7m×0.5m，槽内设计水深为2.66m。以正常运行工况为振动测试工况，现场振测采用耐冲击DP型地震式低频振动传感器采集振动响应信号，采样频率为51.2Hz，采样时间达1200s。每跨槽身的四端分别布置4个测试点，每个测试点包含水平横向（H）和竖直（V）两个方向，灌区渡槽及振动测试照片如图3.3所示。

根据设计资料，建立紧邻出水塔三跨初始渡槽结构有限元模型，如图3.4所示。材料参数类型包括：橡胶支座竖向及水平刚

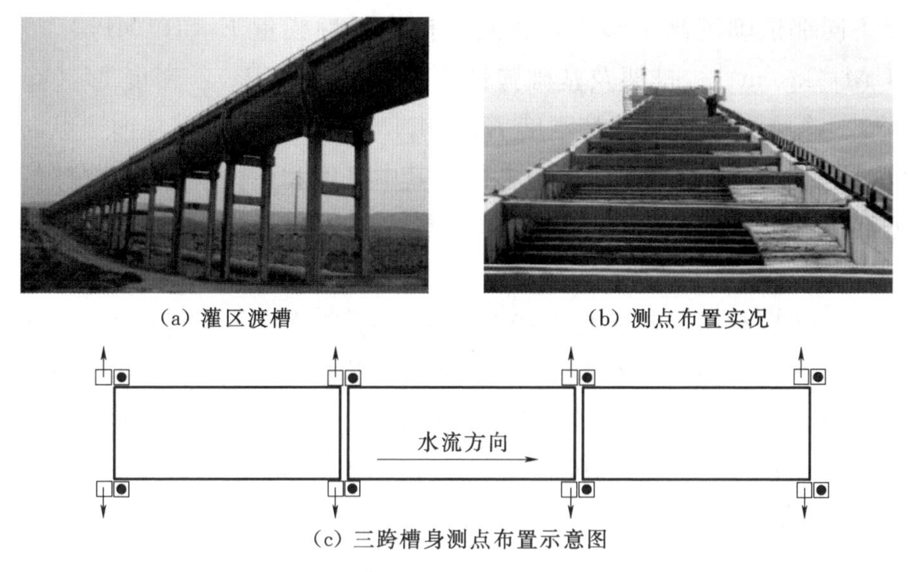

(a) 灌区渡槽　(b) 测点布置实况

(c) 三跨槽身测点布置示意图

图 3.3　灌区渡槽及振动测试照片

度；槽身、排架及基础动弹模和钢筋混凝土等效密度；水体密度。地基为无质量地基，模拟范围为：水流向（纵向）沿槽端各延伸 1 倍渡槽高度（槽体上端至基础底面总高度）；横河向（横向）沿基础边缘各延伸 1 倍渡槽高度；深度沿竖直向取 1 倍渡槽高度。

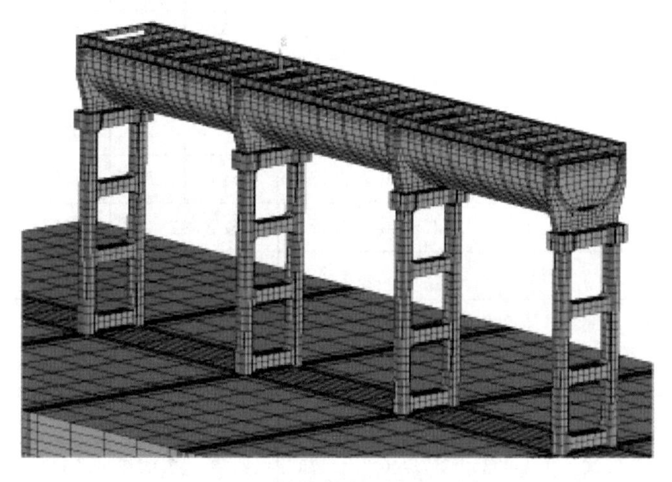

图 3.4　渡槽结构有限元模型

3.3.1.2　试验设计及计算结果

针对大型渡槽结构特点，在槽身、橡胶支座、排架及其基础 3

个不同部位确定修正参数，分别为槽身弹性模量 E_1(10^4MPa)、密度 M_1(kg/m^3)、排架及基础弹性模量 E_2(10^4MPa)、密度 M_2(kg/m^3)、橡胶支座竖向弹簧刚度 K_V(MN/mm) 及水平（横向+纵向）弹簧刚度 K_H(MN/mm) 6个参数，其中密度和弹性模量分别按照钢筋混凝土等效密度和等效动弹性模量取值，密度容许误差定为50kg/m^3。

去除具有明显相关性的模态频率，选取横向前4阶模态频率作为特征响应（横向是小跨度U型渡槽结构的主要振动方向）。通过中心复合试验设计构件待修正参数的设计空间，6个因素共生成86组试验样本。将每组试验样本输入初始有限元模型中进行模态分析，获得响应频率。试验设计部分样本值（因素/参数+响应/频率）见表3.1，其中 T_1、T_2、T_3 和 T_4 分别表示横向1、2、3、4阶模态频率，单位为Hz。

表3.1 试验设计部分样本值

组序	K_V/(MN/mm)	K_H/(MN/mm)	E_1/(10^4MPa)	M_1/(kg/m^3)	E_2/(10^4MPa)	M_2/(kg/m^3)	T_1/Hz	T_2/Hz	T_3/Hz	T_4/Hz
1	15.00	0.50	3.328	2475.00	2.784	2525	1.6807	2.1133	2.8997	10.1345
2	5.00	0.50	3.328	2475.00	4.176	2425	2.0040	2.5018	3.4157	10.9383
3	5.00	5.00	4.992	2475.00	2.784	2425	1.7373	2.2216	3.2323	9.8670
4	5.00	5.00	4.992	2575.00	2.784	2525	1.5744	2.0125	2.8962	10.5634
5	5.00	5.00	4.992	2475.00	2.784	2525	1.7105	2.1797	3.1359	9.6050
6	5.00	5.00	4.992	2475.00	4.176	2525	2.0232	2.5607	3.5764	10.0864
⋮	⋮	⋮	⋮	⋮	⋮	⋮	⋮	⋮	⋮	⋮
80	15.00	5.00	4.992	2475.00	2.784	2425	1.7327	2.2242	3.2371	11.9546
81	15.00	0.50	3.328	2475.00	2.784	2425	1.7002	2.1498	2.9832	10.0484
82	2.17	2.75	4.160	2525.00	3.480	2475	1.7933	2.2751	3.1818	10.6135
83	5.00	0.50	4.992	2475.00	4.176	2425	2.0283	2.5596	3.5406	10.8417
84	10.00	2.75	4.160	2525.00	3.480	2475	1.7977	2.2832	3.1957	12.4537
85	10.00	2.75	4.160	2334.63	3.480	2475	1.9285	2.4442	3.4216	9.8530
86	5.00	0.50	4.992	2475.00	2.784	2425	1.7169	2.1890	3.0927	11.8066

3.3.1.3 参数显著性分析

采用 F 检验法计算所选参数对统计特征量的显著性水平 P 值，评估参数对特征响应频率的显著性影响。各参数、交互项及二次项对横向前 4 阶的显著性水平如图 3.5 所示，纵坐标为 P 值，横坐标为所选参数，其中 A、B、C、D、E 和 F 分别表示 K_V、K_H、E_1、M_1、E_2 和 M_2。根据设定的显著性水平，P 值小于 0.05（图中水平线）表明差异较为显著，否则不显著。

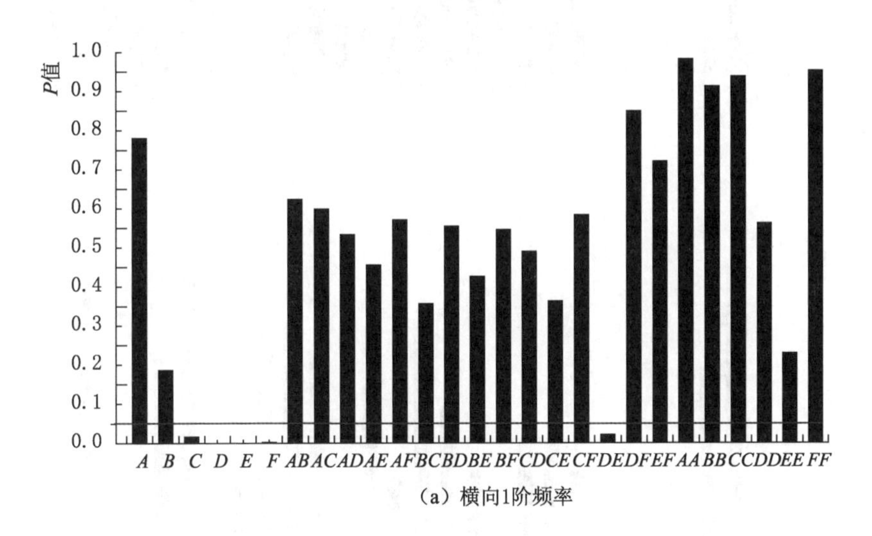

(a) 横向1阶频率

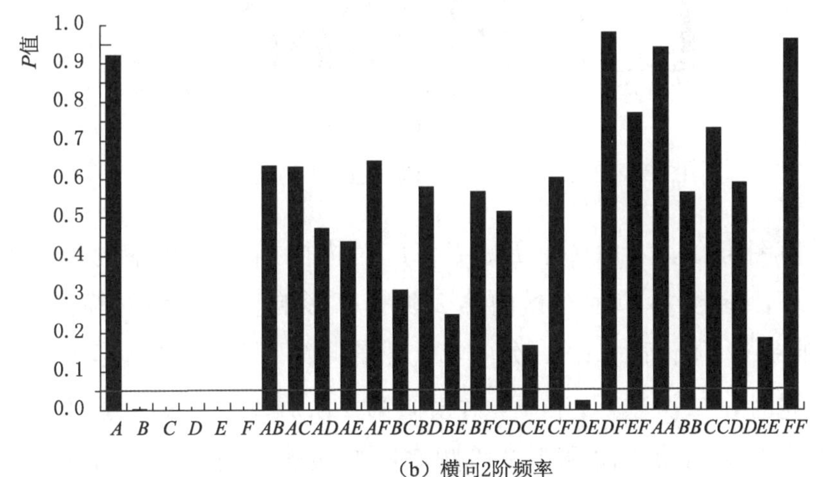

(b) 横向2阶频率

图 3.5（一） 各参数对响应频率的显著性分析

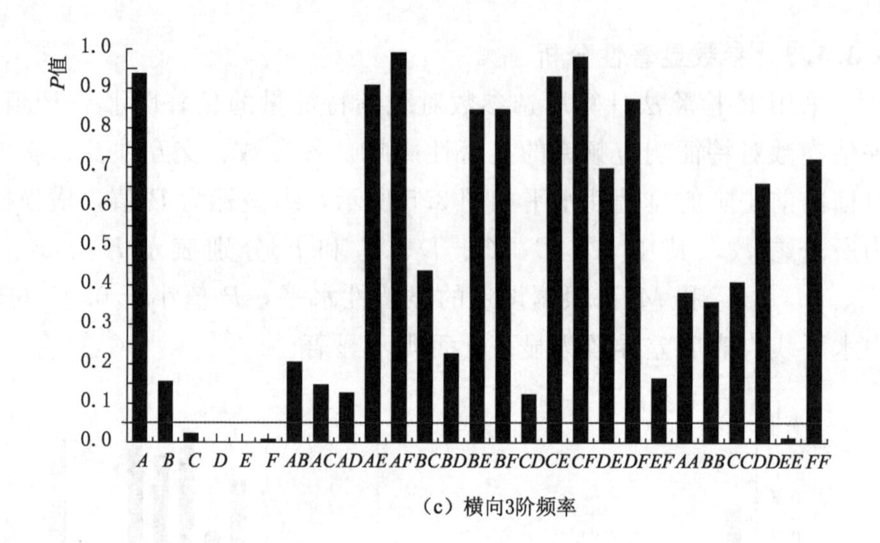

（c）横向3阶频率

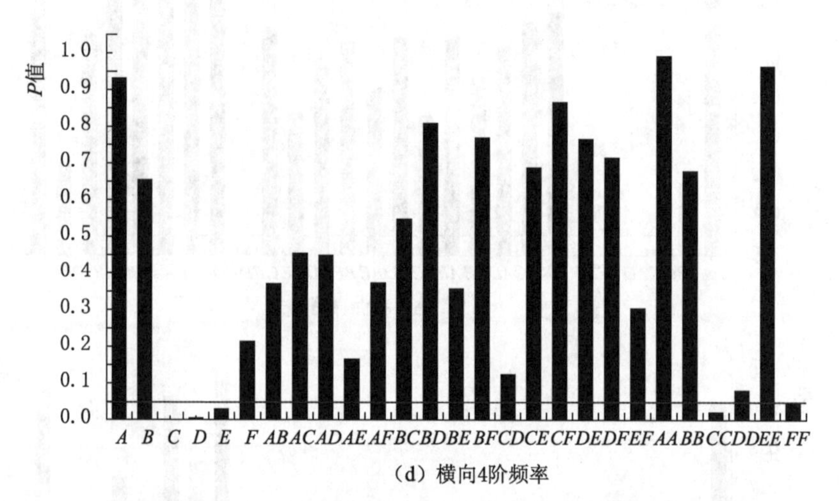

（d）横向4阶频率

图 3.5（二）　各参数对响应频率的显著性分析

由图可知，参数 C、D、E、F 对横向前 4 阶频率的影响都高度显著，参数 B 单独对横向第 2 阶频率影响显著，而对横向 1、3、4 阶频率影响不显著；二次项 E_2 对横向第 3 阶频率的影响高度显著，同时，二次项 C_2 和 F_2 对横向第 4 阶频率影响高度显著；交互项 DE 对横向第 1 阶和第 2 阶频率影响显著。通过方差分析，筛选出对响应频率影响显著的参数构建响应面模型，保证响应面模型的精度以及参数优化的有效性。

3.3.1.4 实测数据处理及响应面拟合

选取覆盖三跨槽身的 8 个测试点水平方向进行降噪处理，图 3.6 为典型单通道降噪前后时程线，降噪后的结果剔除了振动测试信息的环境激励信息，提取出结构真实的自振频率。然后，利用方差贡献率数据融合算法对降噪后各通道信号进行融合，获得结构的完备振动频率，融合后的功率谱密度如图 3.7 所示。根据模型修正

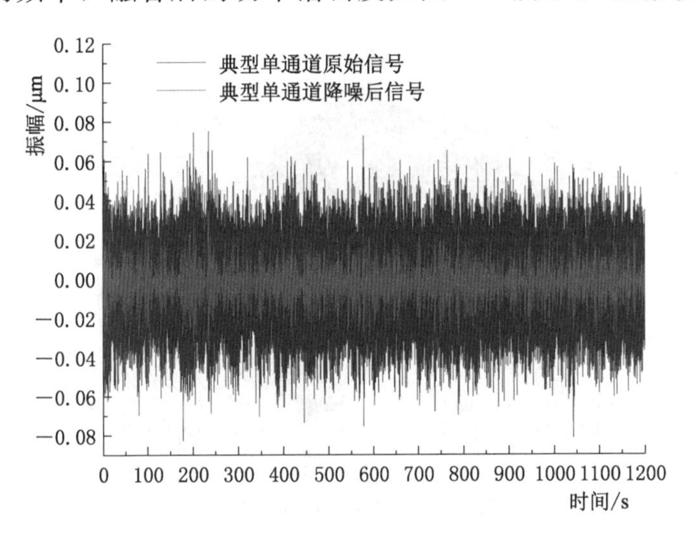

图 3.6 典型单通道信号降噪前后时程线

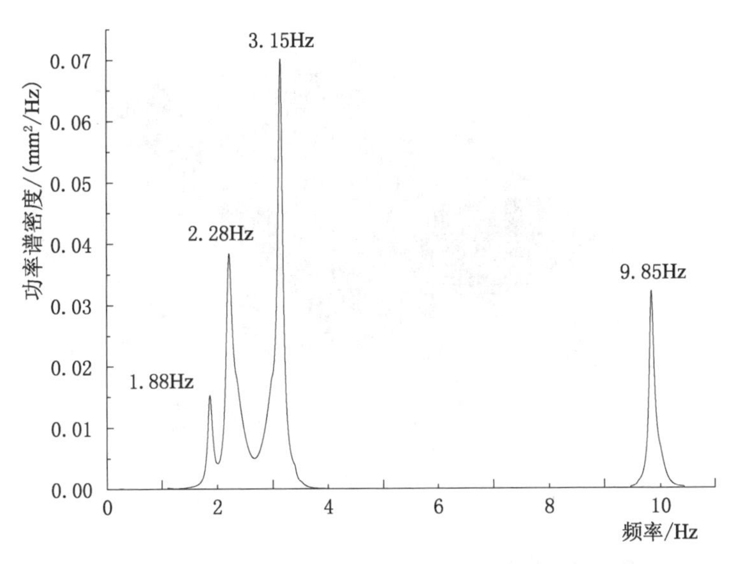

图 3.7 多通道测点融合后的频谱

需要，提取前4阶频率作为有限元模型修正的目标值，分别为1.88Hz、2.28Hz、3.15Hz和9.85Hz。

选取显著性较高的参数，以获得的实测频率作为优化目标，将优化样本按照考虑交互项影响和不考虑交互项影响拟合出各阶响应的响应面模型。给出考虑交互项时横向前4阶的回归响应面，如图3.8所示，其中，纵坐标表示各阶频率，平面坐标表示相应的显著

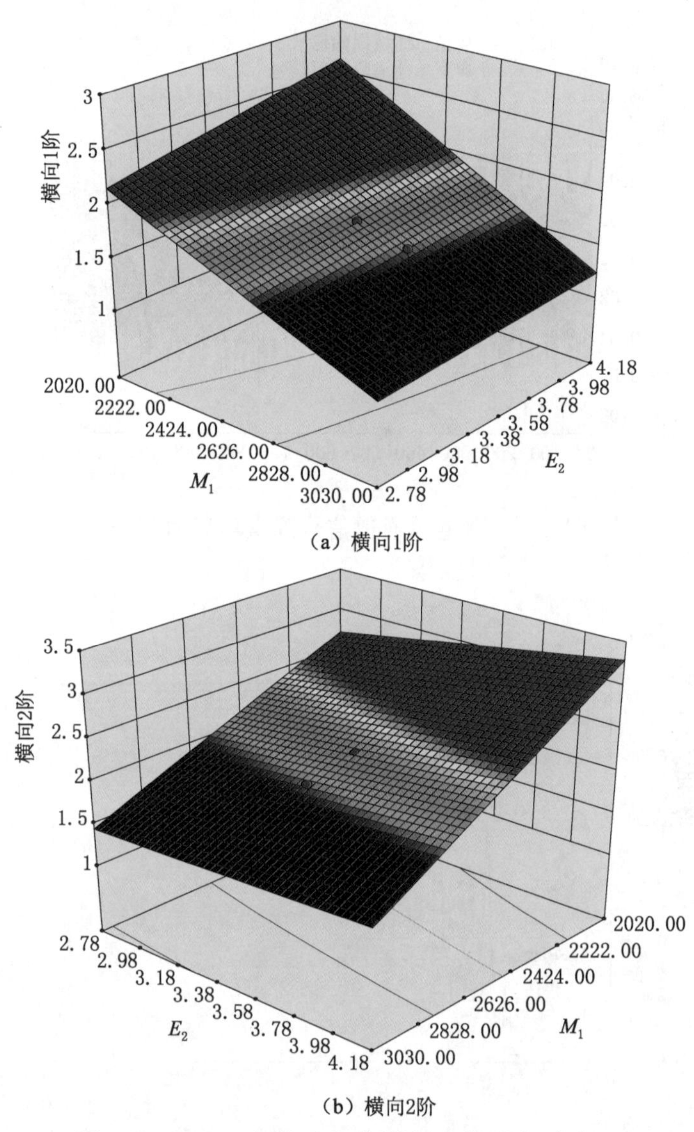

(a) 横向1阶

(b) 横向2阶

图3.8（一）　参数对各特征频率的回归响应面

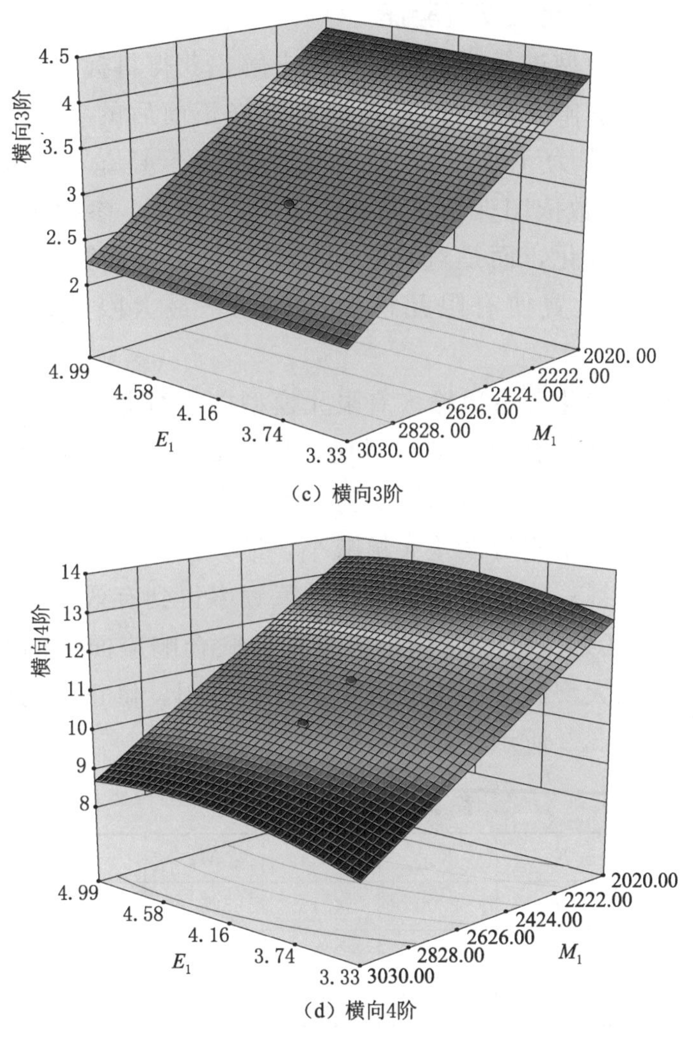

（c）横向3阶

（d）横向4阶

图 3.8（二） 参数对各特征频率的回归响应面

性参数。采用复相关系数 R^2 值对回归后的响应面进行精度检验，计算结果见表 3.2。

表 3.2　　各阶响应面精度检验

响应频率/Hz	T_1	T_2	T_3	T_4
考虑交互项 R^2 值	0.9691	0.9657	0.9457	0.6408
不考虑交互项 R^2 值	0.9666	0.9631	0.9308	0.6114

3.3.1.5　参数优化及模型验证

对响应面模型进行非线性最优化求解，获得目标响应下的最优参数值，实现有限元模型的参数修正。修正前后的参数见表3.3，其中最大修正率为＋139%，最大修正值为＋45kg（允许偏差为50kg），这些参数依旧保留了其原本的物理意义。参数优化并不是对单个参数的优化，而是对有限元模型对象全体参数空间的优化。优化后的参数设置使有限元模型振动频率最大限度地接近实际结构。

将输出的优化后参数输入有限元模型中进行分析，将其计算得到的频率与目标实测频率进行对比，见表3.4。分析可知：有限元模型修正后计算得到的频率跟实测频率吻合良好，修正后有限元计算频率与实测频率相对误差大幅减小，最大误差为－4.38%，最小误差为＋0.21%；修正前后有限元计算频率得到有效纠正，最大修正值达－12.19%。综上所述，信息融合联合响应面法的有限元模型修正方法在大型渡槽结构上得到了有效运用。修正后的渡槽模态计算振型如图3.9所示。

表3.3　参数优化前后对比

参数	K_V	K_H	E_1	M_1	E_2	M_2
初始值	8	2.00	4.16	2525.00	3.48	2475.00
修正值	10	4.78	3.33	2554.79	3.94	2520.09
修正率（值）	＋25%	＋139%	－20%	＋20	＋13%	＋45

表3.4　修正前后频率与实测频率对比

模态阶次	修正前		实测频率/Hz	修正后		
	计算频率/Hz	误差/%		计算频率/Hz	误差/%	计算频率对比/%
T_1	1.680 7	－10.60	1.88	1.797 7	－4.38	＋6.96
T_2	2.113 3	－7.31	2.28	2.254 3	－1.13	＋6.67
T_3	2.899 7	－7.95	3.15	3.156 6	＋0.21	＋8.86
T_4	11.372 4	＋15.46	9.85	9.986 5	＋1.39	－12.19

注　误差＝(计算频率－实测频率)/实测频率。

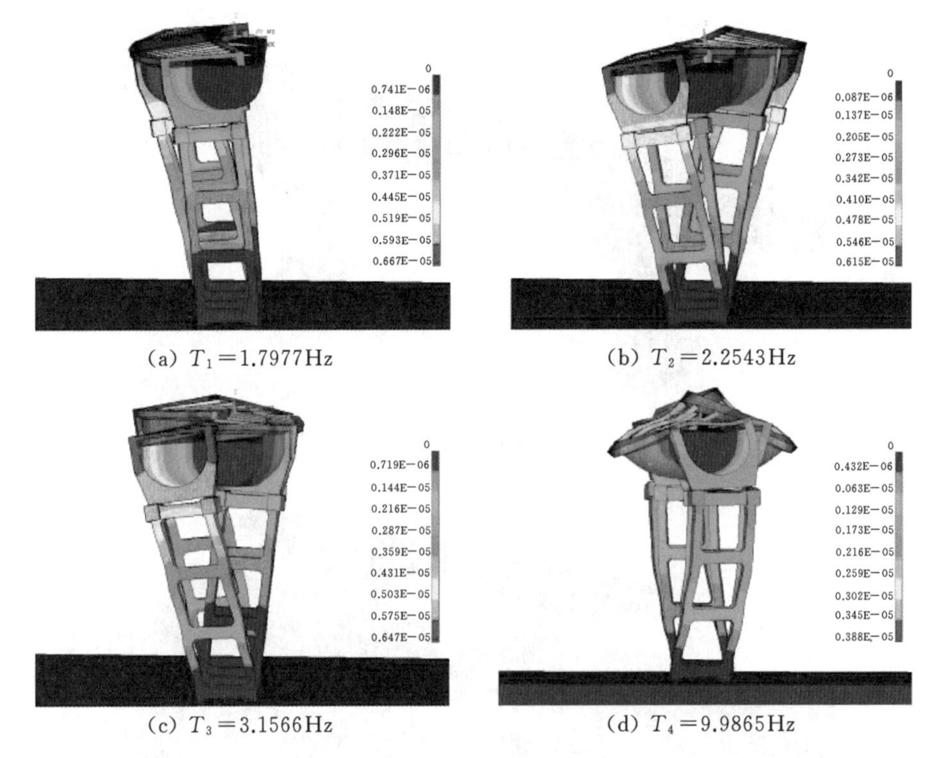

(a) $T_1=1.7977$Hz　(b) $T_2=2.2543$Hz

(c) $T_3=3.1566$Hz　(d) $T_4=9.9865$Hz

图 3.9　修正后渡槽振型图

3.3.2　测点优化方案

以长岗坡渡槽为例，该渡槽为连拱结构，渡槽各个构件，包括槽身、肋拱梁、肋柱、小拱腹、连接梁和支墩均严格按照实际尺寸建立。选取拱跨 51m 的肋拱为研究对象，依据 FSI 系统理论，运用 ANSYS 有限元软件建立渡槽结构流固耦合模型，系统采用笛卡尔坐标系，X 轴表示渡槽轴向，Y 轴表示横槽向，Z 轴表示竖直向。考虑到结构对称性及镇墩处实际受力情况，在单跨渡槽两侧各增加 0.5 跨形成一个整体作为有限元分析的几何模型（见图 3.10 和图 3.11）。为精确地模拟地基等边界条件对结构自振特性的影响，取地基深度（Z 向）为 2 倍结构高度，顺水流方向（X 向）左右各取 1.5 倍结构纵向长度，横槽向（Y 向）各取 1.5 倍结构横向宽度。其材料参数见表 3.5。

图 3.10　渡槽结构有限元模型

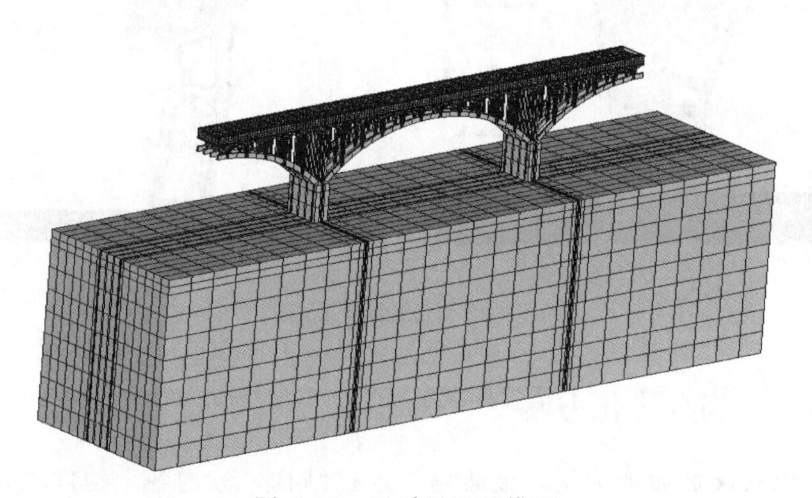

图 3.11　无质量地基模型

表 3.5　　　　　　材　料　参　数

部位	单元类型	弹性模量/GPa	密度/(kg/m³)	泊松比
槽体	SOLID65	30.0	2450	0.3
小拱腹	SOLID45	32.5	2400	0.3
肋柱和肋拱梁	SOLID45	32.5	2450	0.3
支墩	SOLID45	30.0	2500	0.3
水体	FLUID30	—	1000	—
地基	SOLID45	0.7	—	0.3

渡槽结构有限元模型的边界条件设置为：地基的四周采用法向链杆约束，底部采用全约束。模型共计59533个单元，节点总数为80206个，其中槽体单元9612个，节点19034个；小拱腹单元13169个，节点22710个；肋柱和肋拱梁单元5248个，节点44152个；支墩单元2408个，节点3284个；水体单元11712个，节点15925个；地基单元17384个，节点20133个。

3.3.2.1 模态分析

模态分析是用来确定结构振动特性的一项重要技术指标，是结构动力学的基础。本书选取模态分析中的Unsymmetric法对无质量地基模型在有水和无水两种工况提取模态结果，鉴于文章是针对水体-结构-地基的耦联振动体系进行自振分析，因此仅选取整体振型。两种工况的模态分析结果见表3.6，主振型图如图3.12所示。

表3.6 两种工况的模态分析结果

模态阶数	有水工况/Hz	无水工况/Hz	振型特征
1	1.101	1.312	横向扭转
2	1.901	2.156	横向摆动
3	3.730	3.812	横向拱形
4	4.516	4.711	整体扭转
5	5.548	5.826	整体摆动

从表3.6可知，渡槽结构的主频为1.101Hz；空槽工况下的自振结果均大于运行水位工况下的自振分析结果，说明由于水体的存在增加了结构系统的自重，减缓了渡槽的自振响应频率，对结构的安全运行有利，因此在进行结构建模时必须考虑水体对结构的作用。

(a) 有水工况第1阶

(b) 无水工况第1阶

图3.12（一） 两种工况主振型图

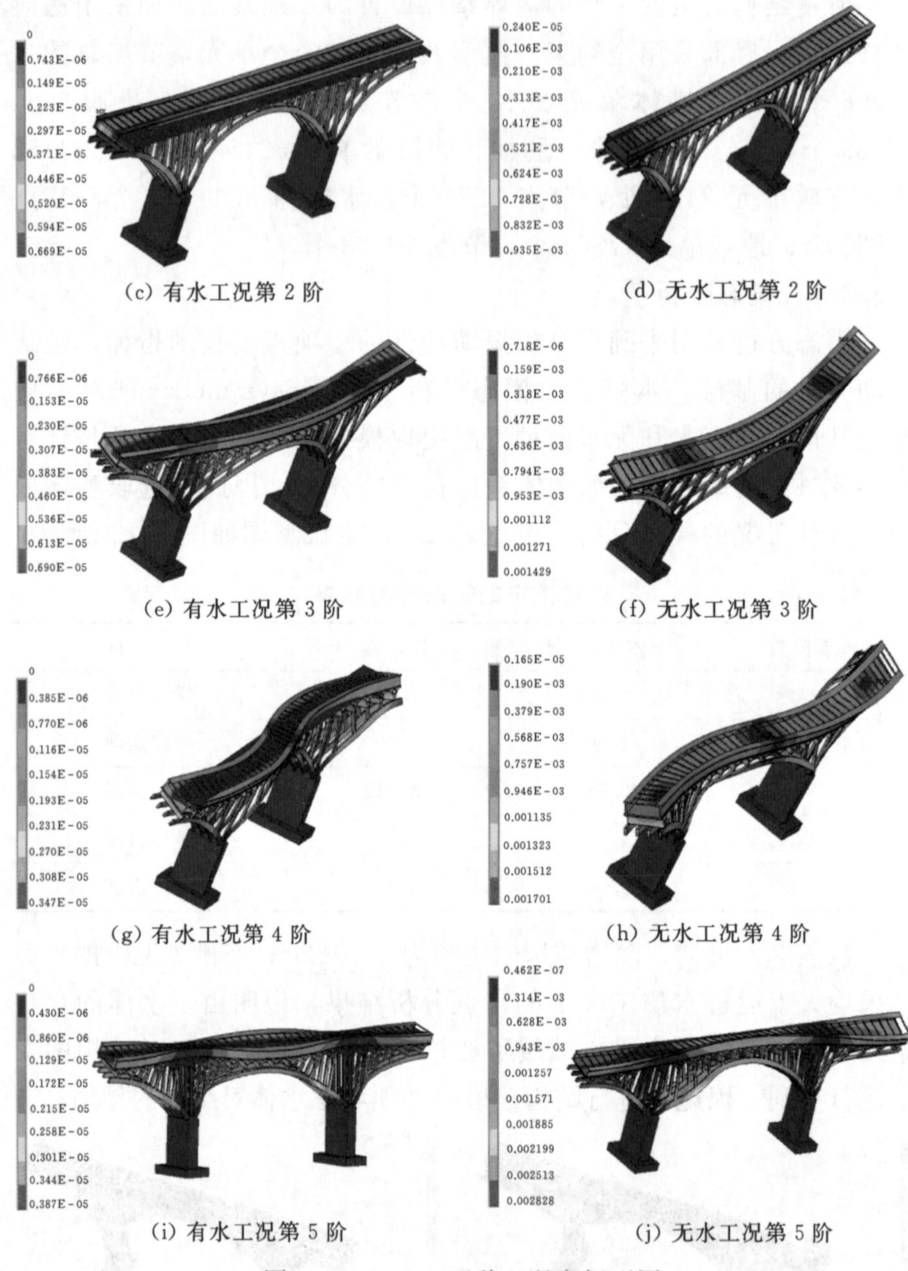

(c) 有水工况第 2 阶　　(d) 无水工况第 2 阶

(e) 有水工况第 3 阶　　(f) 无水工况第 3 阶

(g) 有水工况第 4 阶　　(h) 无水工况第 4 阶

(i) 有水工况第 5 阶　　(j) 无水工况第 5 阶

图 3.12（二）　两种工况主振型图

3.3.2.2　方案评价

本书通过以下四种指标对上述方案进行分析评价。

1. 模态置信准则

测量过程容易受到相关因素影响，且测量自由度小于实际结构模型的自由度，造成测得数据可能会出现模态向量空间交角过小而丢失重要信息的情况。模态保证准则矩阵是评价模态向量交角的一种数学工具，可用来判别结构实测模态向量的独立性，其公式表达如下：

$$MAC_{ij}=\frac{(\varphi_i^{\mathrm{T}}\varphi_j)^2}{(\varphi_i^{\mathrm{T}}\varphi_i)(\varphi_j^{\mathrm{T}}\varphi_j)} \tag{3.20}$$

式中：φ_i 和 φ_j 分别为第 i 阶和第 j 阶模态向量。

查看 MAC 矩阵的非对角元素，MAC 矩阵的元素 M_{ij} 等于 1 的时候，说明第 i 向量与第 j 向量交角为零，两个向量独立性最差；当 M_{ij} 等于 0 时，说明第 i 向量与第 j 向量相互正交，独立性最好。因此可以通过 MAC 矩阵来评价所测模态向量的相互独立程度，本书取 MAC 矩阵非对角线元素的最大值和平均值作为评价指标，二者数值越小越好。

EI 法和 EI－TD 法的 MAC 矩阵三维柱状图如图 3.13 所示。

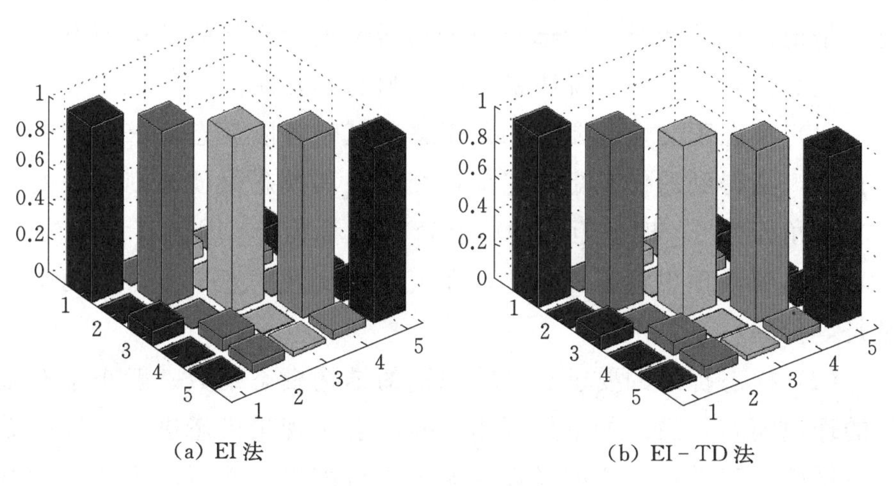

图 3.13　两种方法的 MAC 矩阵三维柱状图

图 3.13 中两水平轴代表模态阶数，垂直轴代表 MAC 矩阵各元素的值，各对角线元素为 1。有效独立法和有效独立-总位移法的 MAC 矩阵非对角元素最大值分别为 8.51E－02 和 8.48E－02，平

均值分别为3.13E-02和3.17E-02。二者相差不大，说明有效独立-总位移法保留了有效独立法的优点，测点间独立性较好。

2. Fisher信息矩阵值

由式（3.12）可知，Fisher信息矩阵Q是为了探求模态向量协方差的大小而构造的矩阵，Q最大等价于协方差最小。Fisher信息矩阵Q行列式值最大时的估计是模态坐标的无偏估计，这也与有效独立法的初衷相吻合。从统计角度分析，Fisher信息矩阵等价于待估参数估计误差的最小协方差矩阵，Fisher信息矩阵也同时度量了测试响应中所包含信息的多少，因此信息阵的值是越大越好。经计算，有效独立法得到最终测点的Fisher信息矩阵的值为5.65E-16，有效独立-总位移法的值为6.70E-16，说明本书方法在保留结构信息量方面具有较好的表现。

3. 最大奇异值比

模态矩阵的奇异值分解可以作为衡量传感器布置位置好坏的一个尺度，其计算公式就是模态矩阵奇异值的最大值与最小值之比，比值越小，传感器位置越优。模态矩阵的最大奇异值比的下限是1，此时是最理想的情况，所选择的传感器位置所定义的结构模态矩阵完全正交。有三点理由说明采用此准则的必要性：

（1）模态正交性的要求。在模态测试时各阶模态要求尽可能线性独立，当得到的模态矩阵完全正交时，其模态保证准则矩阵的最大非对角元为0，模态矩阵的所有奇异值都为1，因而其比值为1，二者都达到最理想状态，因此，在模态正交性的意义上，这两个准则是等价的。

（2）模态扩阶的要求。试验识别的结构模态维数一般小于有限元的理论模态，因此如果想利用试验模态对理论模态进行验证就需要将试验模态进行扩阶或者理论模态进行缩聚。而试验模态扩阶通常需要计算模态矩阵的广义逆，如果该模态矩阵的最大奇异值比较大，则这样计算的矩阵广义逆或者得到的模态扩阶结果误差会相对较大。因此，试验模态扩阶要求模态矩阵的最大奇异值比尽可能小。

(3) 模态可观性的要求。当一个结构的运动方程写成状态方程的形式后，结构的模态可观性或者是模态的识别性是由系统可观性矩阵的秩来决定的，如果模态矩阵的最大奇异值比太大，则计算机截断误差会导致可观性矩阵的数值秩小于其理论秩，使结构模态不可识别。

有效独立法和有效独立-总位移法得到的奇异值比分别为 6.419 和 5.461，两种方法的比值都不是很大，但有效独立-总位移法的奇异值比在两者中是较小的，说明有效独立-总位移法在满足模态正交性、可观性以及模态扩阶的要求上表现优良。

4. 总位移值

在选择最佳布置测点时，应使所选测点有较大的总位移值，总位移值能保证传感器布置在具有较大应变能的自由度上，这是本书提出的一个传感器评价准则。有效独立法和有效独立-总位移法所得测点的总位移值分别为 0.858 和 0.968。有效独立-总位移法的总位移幅值较大，说明用本方法选择的测点有较大的应变能，可以很好地弥补有效独立法忽略自由度能量的局限性，更好地反映结构真实状况。

上述评价指标表明：有效独立-总位移法保留了有效独立法的优点，并在保留结构信息量方面具有较好的表现，具有良好的可观性，是一种更好的传感器优化方法，适合于渡槽等长距离薄壳结构的传感器优化布置。

3.4 本 章 小 结

通过对所建模型参数的修正和布置测点的优化，模型修正可以使得模型更加符合真实情况，在数值模拟中能够得到更加真实有效的结果。优化测点布置可以使得在进行信息采集时更加有效地获得真实有效数据，可以减少干扰信号的获取，减少信号采集的工程量，从而使得后期的信号处理更加方便简洁，真实有效。在研究中也可得出以下结论：

（1）在优化目标环节中，通过CEEMDAN－SVD降噪联合方差贡献率多通道融合技术等方法，处理覆盖三跨槽身振测信号，获得了完整有效的实测频率，为模型修正参数优化环节提供目标响应值以及修正后的验证参考值。

（2）在参数优化环节中，通过CCD构建模型参数与自振频率的样本空间，经过参数筛选后构造响应面模型。修正后的渡槽有限元模型计算出的模态频率与实测频率吻合良好，最大误差为－4.38％，最小误差为＋0.21％，有效地解决了大型渡槽有限元模型精度问题。

（3）修正后的有限元模型可以作为大型渡槽损伤诊断研究的基准有限元模型，为复杂结构仿真研究提供一种常效性科学步骤，用于模型参数优化或者检验应用模型的准确性。

（4）运用模态保证准则、Fisher信息矩阵、最大奇异值比和总位移准则对两种方法进行全面评价，其中总位移准则是本书提出的以保证最终测点应变能的评价指标。结果表明：有效独立-总位移法在解决压力管道传感器优化布置问题时，能够满足测试信息独立性和测点能量要求，保证模态之间的正交性，可观性较好，能够获取更多结构信息。

（5）通过测点优化前后实测数据的比较分析，说明了本书选取测点个数和位置的合理性，证明本方案对实际结构检测具有良好实用性。

第4章　渡槽结构动力损伤数值分析理论

渡槽一般兼具明渠和桥梁的作用，自身结构的复杂性和极端环境的影响通常会使其处于非正常运行状态。在实际工程中，渡槽往往处于大风及地震多发地区，运行期间由于结构与水体之间的耦合作用、风荷载及地震荷载等因素的影响，结构可能会发生局部损伤，影响渡槽结构的正常运行，甚至会导致结构整体破坏。

4.1　水体-结构耦合理论

4.1.1　直接流固耦合理论

直接流固耦合就是将流体和固体直接接触在一起，保证两种介质在接触面上的位移和加速度是一致的。在 ANSYS 有限元软件中即是直接选用 FLUID30 单元对流体介质进行离散处理，同时需要在固体介质和流体介质的接触部位添加一个流固耦合面。该方法通常需要假定在 FSI 耦合面上两种介质的位移和加速度是一致的，即保证两种介质在接触面上运动和受力相同。

流体介质的连续性方程和动量方程为

$$\frac{1}{c^2}\frac{\partial^2 P}{\partial t^2}-\nabla^2 P=0 \tag{4.1}$$

式中：$c=\sqrt{k/\rho}$ 为声音在流体介质中的传播速度；∇^2 为 Laplace 算子；P 为声压；t 为时间。

在式（4.1）两边乘以 δP，然后积分处理，根据理想液体假设，液体密度同结构法向加速度的乘积与流体声压梯度数值相等，

代入可得

$$\int \frac{1}{c^2}\delta P \frac{\partial^2 P}{\partial t^2}\mathrm{d}V + \int(\{L\}^{\mathrm{T}}\delta P)(\{L\}P)\mathrm{d}V = -\int \rho\delta P\{N\}^{\mathrm{T}}\left[\frac{\partial^2}{\partial t^2}\{u\}\right]\mathrm{d}S \tag{4.2}$$

式中：δP 为声压改变量；V 为流体的体积；$\{L\}$ 和 $\{L\}^{\mathrm{T}}$ 分别为梯度和散度；$\{N\}$ 为单位法向量；S 为流固接触面的面积。

对声压和位移进行处理，将式（4.2）转化为矩阵：

$$[M^P]\{\ddot{P}_e\} + [K^P]\{P_e\} + \rho\ [R_e]^{\mathrm{T}}\{\ddot{u}_e\} = \{0\} \tag{4.3}$$

其中

$$[M^P] = \frac{1}{c^2}\int [N][N]^{\mathrm{T}}\mathrm{d}V$$

$$[K^P] = \int [A]^{\mathrm{T}}[A]\mathrm{d}V$$

$$[A] = \{L\}\{N\}^{\mathrm{T}}$$

$$\rho\ [R_e]^{\mathrm{T}} = \rho\int\{N\}\{N\}^{\mathrm{T}}\ \{\overline{N}\}^{\mathrm{T}}\mathrm{d}S$$

式中：$[M^P]$为流体质量矩阵；$\{N\}$ 为声压函数；$[K^P]$为刚度矩阵；$[A]$为接触面上的能量损耗；$\rho\ [R_e]^{\mathrm{T}}$ 为耦合界面的质量矩阵；$\{\overline{N}\}$ 为位移函数；$\{P_e\}$ 为节点声压向量。

在式（4.3）中加入一个损耗项，则成为考虑能量损耗的声波离散方程：

$$[M^P]\{P_e\} + [C_e^P]\{P_e\} + [K^P]\{P_e\} + \rho\ [R_e]^{\mathrm{T}}\{u_e\} = \{0\} \tag{4.4}$$

其中

$$[C_e^P] = \frac{\alpha}{C}\int\{N\}\ \{N\}^{\mathrm{T}}\mathrm{d}S$$

式中：$[C_e^P]\{P_e\}$为能量损耗；$[C_e^P]$为液体的阻尼矩阵；α 为能量损耗系数。

在流固耦合问题中，将固液交界面的流体压力荷载加入到结构有限元方程中，公式如下：

$$[M^S]\{u_e\} + [C_e^S]\{u_e\} + [K^S]\{u_e\} = \{F_e\} + \{F_e^f\} \tag{4.5}$$

其中　$\{F_e^f\} = \int\{\overline{N}\}\{N\}^{\mathrm{T}}\{n\}\mathrm{d}S\{P_e\}$。

假设$[R_\mathrm{e}] = \int\{\overline{N}\}\{N\}^{\mathrm{T}}\{n\}\mathrm{d}S$ 则$\{F_e^f\} = [R_e]\{P_e\}$，式（4.5）可改写为

$$[M^S]\{\ddot{u}_e\}+[C_e^S]\{\dot{u}_e\}+[K^S]\{u_e\}-[R_e]\{P_e\}=\{F_e\} \tag{4.6}$$

将结构振动方程和流体波动方程合并得

$$\begin{bmatrix}[M^S] & [0]\\ [M^{PS}] & [M^P]\end{bmatrix}\begin{Bmatrix}\{\ddot{u}_e\}\\ \{\ddot{P}_e\}\end{Bmatrix}+\begin{bmatrix}[C_e^S] & [0]\\ [0] & [C_e^P]\end{bmatrix}\begin{Bmatrix}\{\dot{u}_e\}\\ \{\dot{P}_e\}\end{Bmatrix}+\begin{bmatrix}[K^S] & [K^{PS}]\\ [0] & [K^P]\end{bmatrix}\begin{Bmatrix}\{u_e\}\\ \{P_e\}\end{Bmatrix}=\begin{Bmatrix}\{F_e\}\\ \{0\}\end{Bmatrix} \tag{4.7}$$

其中　$[M^{PS}]=\rho[R_e]^{\mathrm{T}}$；$[K^{PS}]=-[R_e]$。

4.1.2　附加质量理论

附加质量方法是一种考虑水体对结构作用的简化方法，它将动水压力等效为质量附加在结构上，达到等效的动力响应。由于方法简单、计算方便，这种方法应用十分广泛，在大坝、桥墩、储液罐等结构的有限元地震计算中都有应用。

结构的运动微分方程为

$$[M_e^s]\{\ddot{u}\}+[C_e^s]\{\dot{u}\}+[K_e^s]\{u\}=[F_e^s] \tag{4.8}$$

式中：$[M_e^s]$为结构整体质量；$[C_e^s]$为结构的阻尼；$[K_e^s]$为结构的刚度矩阵；$\{u\}$、$\{\dot{u}\}$、$\{\ddot{u}\}$分别为结构位移向量、速度向量、加速度向量；$[F_e^s]$为结构整体所受的外荷载。考虑流体对结构附加质量的系统振动有限元方程如下：

$$([M_e^s]+[M_a])\{\ddot{u}\}+([C_e^s]+[C_a])\{\dot{u}\}+([K_e^s]+[K_a])\{u\}=[F_e^s] \tag{4.9}$$

式中：$[M_a]$、$[C_a]$、$[K_a]$分别为由于流体作用引起的附加质量、附加阻尼、附加刚度矩阵；$[F_e^s]$为结构所受的外荷载。

对于理想流体阻尼力比较小可以忽略，如果同时忽略流体对于结构刚度的影响，即$[K_a]=0$，上式可以简化为

$$([M_e^s]+[M_a])\{\ddot{u}\}+[C_e^s]\{\dot{u}\}+[K_e^s]\{u\}=[F_e^s] \tag{4.10}$$

需要注意的是，对于不同的结构，附加质量的原理虽然相同，但是附加的形式确并不相同：对于管道结构一般是将管道内所有水体的质量平均分配至管道的内壁上；对于渡槽结构来说，可以按《水工建筑物抗震设计规范》（GB 51247—2018）中的公式计算应该

附加在槽体内壁上的质量，但应注意矩形截面和U形截面的区别；对于大坝结构来说，一般是按水工建筑物抗震规范中的规定用威斯特卡德公式计算应该在坝体表面附加的质量。

威斯特卡德基于无黏性库水、刚性直立坝面的假定，推理得出大坝上游面受到的动水压力公式：

$$P_w(h)=\frac{7}{8}a_h\rho_w\sqrt{H_0h} \tag{4.11}$$

式中：h 为计算点水深；$P_w(h)$ 表示 h 水深处的动水压力值；H_0 为库水深度；a_h 为最大地震加速度系数；ρ_w 为水体密度。

《水工建筑物抗震设计规范》(GB 51247—2018) 规定当采用动力法分析时，可将水平向单位加速度作用下的地震动水压力值折算为相应的坝面径向附加质量，拱坝水平向地震动水压力代表值按式 (4.11) 的 1/2 取值，不同水深的单位面积的附加质量公式如下：

$$m_a(h)=\frac{7}{16}\rho_w\sqrt{H_0h} \tag{4.12}$$

附加质量法仅考虑了流体对结构的质量作用，并没有完全体现流体结构的相互耦合作用，但对于大坝变形不是很大的情况还是有较高的精度，且计算结果偏于安全，因此是规范上推荐的方法。

4.1.3　HOUSNER 弹簧质量理论

FSI 系统中的流体在动力荷载作用下会发生振动，固体壁会受到来自流体的液动压力。流体的液动压力一般分为脉冲压力和对流压力，脉冲压力和渡槽内壁脉冲运动产生惯性力息息相关；对流压力是液体脉冲振荡作用的结果，它的大小取决于液体振荡的频率和波高。基于液动压力产生的原理，Housner 提出采用等效质量的弹簧-质量模型来模拟脉冲压力和对流压力对槽体的振动效应。

4.1.3.1　脉冲压力的等效

槽壁所受水体的脉冲压力可等效为质量为 M_0 的质量体刚性固结于槽壁的运动。

$$M_0 = M_l \frac{\tanh \frac{\sqrt{3}D}{2H}}{\frac{\sqrt{3}D}{2H}} \tag{4.13}$$

式中：M_0 为脉冲质量；M_l 为单位厚水体的总质量。

脉冲质量 M_0 的作用位置为

$$H_0 = \frac{3}{8}H \tag{4.14}$$

$$H_0 = \frac{3}{8}H\left[1 + \frac{4}{3}\left(\frac{\frac{\sqrt{3}D}{2H}}{\tanh \frac{\sqrt{3}D}{2H}} - 1\right)\right] \tag{4.15}$$

式（4.14）仅考虑水体对槽壁的作用，式（4.15）同时考虑水体对渡槽底板的作用。

4.1.3.2 对流压力的等效

水体对槽壁的对流压力可等效为多个质量体弹性连接于槽壁不同高度处的运动。

流体的振荡频率为

$$\omega_1^2 = \frac{\sqrt{10}g}{D}\tanh \frac{\sqrt{10}H}{D} \tag{4.16}$$

振动等效质量为

$$M_1 = M_l\left(\frac{\sqrt{10}}{12}\frac{D}{H}\tanh \frac{\sqrt{10}H}{D}\right) \tag{4.17}$$

等效质量 M_1 作用位置为

$$H_1 = H\left(1 - \frac{\cosh \frac{\sqrt{10}H}{D} - 1}{\frac{\sqrt{10}H}{D}\sinh \frac{\sqrt{10}H}{D}}\right) \tag{4.18}$$

$$H_1 = H\left(1 - \frac{\cosh \frac{\sqrt{10}H}{D} - 2}{\frac{\sqrt{10}H}{D}\sinh \frac{\sqrt{10}H}{D}}\right) \tag{4.19}$$

式（4.18）仅考虑水体对槽壁的作用，式（4.19）同时考虑水体对渡槽底板的作用。

4.2　黏弹性边界理论与验证

4.2.1　二维黏弹性人工边界理论

4.2.1.1　平面法向人工边界

1. 受力微元及波动方程

柱面波在有效介质中传播时，会使介质微元处于受力状态，微元的受力状态简化后可用平面应变问题代替。可列微元的径向波动平衡方程为

$$\sigma_r r\mathrm{d}\theta+\frac{1}{2}\rho[(r+\mathrm{d}r)^2-r^2]\mathrm{d}\theta\frac{\partial^2 u}{\partial t^2}+2\sigma_\theta \mathrm{d}r\sin\frac{\mathrm{d}\theta}{2}$$
$$=\left(\sigma_r+\frac{\partial\sigma_r}{\partial r}\mathrm{d}r\right)(r+\mathrm{d}r)\mathrm{d}\theta \tag{4.20}$$

不考虑无穷小量产生的影响，式（4.20）可简化为

$$\rho\frac{\partial^2 u}{\partial t^2}=\frac{\partial\sigma_r}{\partial r}+\frac{\sigma_r-\sigma_\theta}{r} \tag{4.21}$$

再结合式（4.22）～式（4.25）

$$\sigma_\theta=\lambda\varepsilon_r+(2G+\lambda)\varepsilon_\theta \tag{4.22}$$

$$\sigma_r=\lambda\varepsilon_\theta+(2G+\lambda)\varepsilon_r \tag{4.23}$$

$$\varepsilon_\theta=\frac{u}{r} \tag{4.24}$$

$$\varepsilon_r=\frac{\partial u}{\partial r} \tag{4.25}$$

可得出波动方程

$$\frac{\partial^2 u}{\partial t^2}=\frac{2G+\lambda}{\rho}\left(\frac{\partial^2 u}{\partial r^2}+\frac{1}{r}\frac{\partial u}{\partial r}-\frac{u}{r^2}\right) \tag{4.26}$$

其中　$\lambda=\dfrac{\mu E}{(1+\mu)(1-2\mu)}$。

2. 求解波动方程

假设势函数为 Φ，且 $u=\frac{\partial\Phi}{\partial r}$，将 $u=\frac{\partial\Phi}{\partial r}$ 代入式（4.26）后，波动方程转化为

$$\frac{\partial}{\partial r}\frac{\partial^2\Phi}{\partial r}=\frac{2G+\lambda}{\rho}\frac{\partial}{\partial r}\left(\frac{\partial^2\Phi}{\partial r^2}+\frac{1}{r}\frac{\partial\Phi}{\partial r}\right) \tag{4.27}$$

对式（4.27）进行有关 r 的积分，可得

$$\frac{\partial^2\Phi}{\partial t^2}=c_p^2\left[\frac{\partial^2\Phi}{\partial r^2}+\frac{1}{r}\frac{\partial\Phi}{\partial r}\right] \tag{4.28}$$

式（4.28）中，波速 $c_p=\sqrt{\frac{2G+\lambda}{\rho}}$。

对方程（4.28）求解，可得到 Φ 的近似解，近似解中包含外行波的部分为

$$\Phi(r,t)=\frac{1}{\sqrt{r}}f\left[\frac{r}{c_p}-t\right] \tag{4.29}$$

推导过程中涉及的波动方程解，仅给出了含有外行波的部分。

径向的位移为

$$u(r,t)=-\frac{1}{2}r^{-\frac{3}{2}}f+\frac{1}{c_p}r^{-\frac{1}{2}}f' \tag{4.30}$$

对式（4.30）求一阶和二阶导数可得径向速度和加速度

$$\frac{\partial u}{\partial t}(r,t)=\frac{1}{2}r^{-\frac{3}{2}}f'-\frac{1}{c_p}r^{-\frac{1}{2}}f'' \tag{4.31}$$

$$\frac{\partial^2 u}{\partial t^2}(r,t)=\frac{1}{2}r^{-\frac{3}{2}}f''-\frac{1}{c_p}r^{-\frac{1}{2}}f''' \tag{4.32}$$

3. 径向应力的表述

根据式（4.24）、式（4.25）和式（4.30）可得

$$\varepsilon_r=\frac{3}{4}r^{-\frac{5}{2}}f-\frac{1}{c_p}r^{-\frac{3}{2}}f'+\frac{1}{c_p^2}r^{-\frac{1}{2}}f'' \tag{4.33}$$

$$\varepsilon_\theta=-\frac{1}{2}r^{-\frac{5}{2}}f+\frac{1}{c_p}r^{-\frac{3}{2}}f' \tag{4.34}$$

$$\varepsilon_r+\varepsilon_\theta=\frac{\partial^2\Phi}{\partial r^2}+\frac{1}{r}\frac{\partial\Phi}{\partial r}=\frac{1}{c_p^2}\frac{\partial^2\Phi}{\partial t^2} \tag{4.35}$$

再结合式（4.25）可得到径向正应力

$$\sigma_r=(2G+\lambda)r^{-\frac{1}{2}}\frac{1}{c_p^2}f''-\frac{2G}{r}u \tag{4.36}$$

将式（4.30）、式（4.31）和式（4.32）代入式（4.36）可得新的径向应力表述式

$$\frac{\partial\sigma_r}{\partial t}=-(2G+\lambda)r^{-\frac{1}{2}}\frac{1}{c_p^2}f'''-\frac{2G}{r}\frac{\partial u}{\partial t} \tag{4.37}$$

式（4.37）两边对 t 求导，得出

$$\frac{\partial\sigma_r}{\partial t}=-(2G+\lambda)r^{-\frac{1}{2}}\frac{1}{c_p^2}f'''-\frac{2G}{r}\frac{\partial u}{\partial t} \tag{4.38}$$

最后联合式（4.32）、式（4.37）以及式（4.38）可得出

$$\sigma_r+\frac{2r}{c_p}\frac{\partial\sigma_r}{\partial t}=-\frac{2G}{r}u-\frac{4G}{c_p}\frac{\partial u}{\partial t}-2r\rho\frac{\partial^2 u}{\partial t^2} \tag{4.39}$$

4. *等效的法向物理元件*

式（4.39）表述的应力边界可用一个等效的力学模型模拟，且可依据该力学模型写出对应的动力平衡方程

$$ku_1+c(u_1-u_2)=-f(t) \tag{4.40}$$

$$mu_2+c(u_2-u_1)=0 \tag{4.41}$$

联合式（4.40）和式（4.41）可得出

$$f+\frac{m}{c}f'=-ku_1-\frac{mk}{c}u_1-mu_1 \tag{4.42}$$

与式（4.39）比对，可得到物理元件的有关系数计算公式：

$$m=2\rho r,\ c=\rho c_p,\ k=\frac{2G}{r} \tag{4.43}$$

4.2.1.2　平面切向人工边界

1. *受力微元及波动方程*

柱面波在有效介质中传播时，会使介质微元处于受力状态，微元的受力状态简化后可用平面应变问题代替。可列微元的径向波动平衡方程为（取切向位移 v 的顺时针时为“＋”）：

$$\left(\tau+\frac{\partial\tau}{\partial r}\mathrm{d}r\right)(r+\mathrm{d}r)\mathrm{d}\theta+\left(\tau+\frac{\partial\tau}{\partial\theta}\mathrm{d}\theta\right)\mathrm{d}r\sin\frac{\mathrm{d}\theta}{2}+\tau\mathrm{d}r\sin\frac{\mathrm{d}\theta}{2}$$

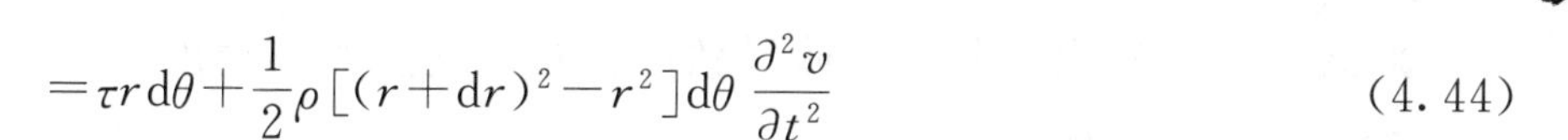

$$=\tau r\mathrm{d}\theta+\frac{1}{2}\rho[(r+\mathrm{d}r)^2-r^2]\mathrm{d}\theta\frac{\partial^2 v}{\partial t^2} \tag{4.44}$$

不考虑无穷小量产生的影响，式（4.44）可简化为

$$\rho\frac{\partial^2 v}{\partial t^2}=\frac{\partial\tau}{\partial r}+\frac{2\tau}{r} \tag{4.45}$$

再结合式（4.46）和式（4.47）

$$\gamma=\frac{\partial v}{\partial r}-\frac{v}{r} \tag{4.46}$$

$$\tau=G\gamma \tag{4.47}$$

可得出波动方程

$$\frac{\partial^2 v}{\partial t^2}=\frac{G}{\rho}\left(\frac{\partial^2 v}{\partial r^2}+\frac{1}{r}\frac{\partial v}{\partial r}-\frac{v}{r^2}\right) \tag{4.48}$$

2. 求解波动方程

假设势函数为 Ψ，且 $v=\frac{\partial\Psi}{\partial r}$，将 $v=\frac{\partial\Psi}{\partial r}$代入式（4.48）后，波动方程转化为

$$\frac{\partial}{\partial r}\frac{\partial^2\Psi}{\partial t^2}=\frac{G}{\rho}\frac{\partial}{\partial r}\left(\frac{\partial^2\Psi}{\partial r^2}+\frac{1}{r}\frac{\partial\Psi}{\partial r}\right) \tag{4.49}$$

对式（4.49）进行有关 r 的积分，可得

$$\frac{\partial^2\Psi}{\partial t^2}=c_s^2\left(\frac{\partial^2\Psi}{\partial r^2}+\frac{1}{r}\frac{\partial\Psi}{\partial r}\right) \tag{4.50}$$

式（4.50）中，波速 $c_s=\sqrt{\frac{G}{\rho}}$。

对方程（4.50）求解，可得到 Ψ 的近似解，近似解中包含外行波的部分为

$$\Psi(r,t)=\frac{1}{\sqrt{r}}f\left(\frac{r}{c_s}-t\right) \tag{4.51}$$

推导过程中涉及的波动方程解，仅给出了含有外行波的部分。

切向的位移为

$$v(r,t)=-\frac{1}{2}r^{-\frac{3}{2}}f+\frac{1}{c_s}r^{-\frac{1}{2}}f' \tag{4.52}$$

对式（4.52）求一阶和二阶导数可得径向速度和加速度

$$\frac{\partial v}{\partial t}(r,t)=-\frac{1}{2}r^{-\frac{3}{2}}f'+\frac{1}{c_s}r^{-\frac{1}{2}}f'' \tag{4.53}$$

$$\frac{\partial^2 v}{\partial t^2}(r,t)=-\frac{1}{2}r^{-\frac{3}{2}}f''+\frac{1}{c_s}r^{-\frac{1}{2}}f''' \tag{4.54}$$

3. 切向应力的表述

根据式（4.46）、式（4.47）和式（4.52）可得到

$$\tau=G\left[\frac{5}{4}r^{-\frac{5}{2}}f-\frac{2}{c_s}r^{-\frac{3}{2}}f'+\frac{1}{c_s^2}r^{-\frac{1}{2}}f''\right] \tag{4.55}$$

再结合式（4.52）、式（4.53）可得到径向正应力

$$\tau=G\left[-\frac{5}{2r}v+\frac{1}{c_s}\frac{\partial v}{\partial t}+\frac{2}{c_s^2}r^{-\frac{1}{2}}f''\right] \tag{4.56}$$

式（4.56）两边对 t 求导，得

$$\frac{\partial \tau}{\partial t}=G\left[-\frac{5}{2r}\frac{\partial v}{\partial t}+\frac{1}{c_s}\frac{\partial^2 v}{\partial t^2}-\frac{2}{c_s^2}r^{-\frac{1}{2}}f'''\right] \tag{4.57}$$

最后联合式（4.54）、式（4.56）以及式（4.57）可得出

$$\tau+\frac{2r}{c_s}\frac{\partial \tau}{\partial t}=-\frac{5G}{2r}\left[v+\frac{8r}{5c_s}\frac{\partial v}{\partial t}+\frac{8r^2}{5c_s^2}\frac{\partial^2 v}{\partial t^2}\right] \tag{4.58}$$

4. 等效的法向物理元件

式（4.58）表述的应力边界可用一个等效的力学模型模拟，且可依据该力学模型写出对应的动力平衡方程

$$kv_1+c(v_1-v_2)=-f(t) \tag{4.59}$$

$$mv_2+c(v_2-v_1)=0 \tag{4.60}$$

联合式（4.59）和式（4.60）可得

$$f+\frac{m}{c}f'=-kv_1-\frac{mk}{c}v_1-mv_1 \tag{4.61}$$

与式（4.58）比对，可得到物理元件的有关系数计算公式

$$\frac{m}{c}=\frac{2r}{c_s},\ k=\frac{5G}{2r},\ \frac{mk}{c}=\frac{4G}{c_s},\ m=\frac{2Gr}{c_s^2} \tag{4.62}$$

对式（4.62）中的等式组合后求解可得出

$$k=\frac{5G}{2r},\ c=\rho c_s,\ m=\frac{2Gr}{c_s^2} \tag{4.63}$$

$$k=\frac{2G}{r},\ c=\rho c_s,\ m=\frac{2Gr}{c_s^2} \tag{4.64}$$

$$k=\frac{5G}{2r},\ c=\frac{5}{4}\rho c_s,\ m=\frac{2Gr}{c_s^2} \tag{4.65}$$

上述三组解对应的计算结果的差异不大（边界参数选取在规定的范围内）。

4.2.1.3 平面外切向人工边界

1. 受力微元及波动方程

受力微元力学模型中 r 轴和 z 轴相互垂直，且微元在 z 轴向的方程为

$$\tau r\mathrm{d}\varphi\mathrm{d}z+\frac{1}{2}\rho[(r+\mathrm{d}r)^2-r^2]\frac{\partial^2 w}{\partial t^2}\mathrm{d}\varphi\mathrm{d}z=\left(\tau+\frac{\partial\tau}{\partial r}\mathrm{d}r\right)(r+\mathrm{d}r)\mathrm{d}\varphi\mathrm{d}z \tag{4.66}$$

不考虑无穷小量产生的影响，式（4.66）可简化为

$$\rho\frac{\partial^2 w}{\partial t^2}=\frac{\partial\tau}{\partial r}+\frac{\tau}{r} \tag{4.67}$$

再结合式（4.68）和式（4.69）

$$\gamma=\frac{\partial w}{\partial r} \tag{4.68}$$

$$\tau=G\gamma \tag{4.69}$$

可得出波动方程

$$\frac{\partial^2 w}{\partial t^2}=\frac{G}{\rho}\left(\frac{\partial^2 w}{\partial r^2}+\frac{1}{r}\frac{\partial w}{\partial r}\right) \tag{4.70}$$

2. 求解波动方程

波动方程近似解中包含外行波的部分为

$$w(r,t)=\frac{1}{\sqrt{r}}f\left(\frac{r}{c_s}-t\right) \tag{4.71}$$

式（4.71）中，波速 $c_s=\sqrt{\frac{G}{\rho}}$。

对式（4.71）求一阶导数可得径向速度

$$\frac{\partial w(r,t)}{\partial t}=-r^{-\frac{1}{2}}f' \tag{4.72}$$

3. 切向应力的表述

根据式（4.69）可得到应力表达式

$$\tau = G\left(\frac{1}{c_s} r^{-\frac{1}{2}} f' - \frac{1}{2} r^{-\frac{3}{2}} f\right) \tag{4.73}$$

再结合式（4.71）、式（4.72）可得到径向正应力

$$\tau = -\frac{G}{2r} w - \rho c_s \frac{\partial w}{\partial t} \tag{4.74}$$

4. 等效的法向物理元件

式（4.74）表述的应力边界可用一个等效的力学模型模拟，且可依据该力学模型写出对应的动力平衡方程

$$f = -kw - cw \tag{4.75}$$

与式（4.74）比对，可得到物理元件的有关系数计算公式

$$c = \rho c_s, \; k = \frac{G}{2r} \tag{4.76}$$

4.2.1.4　二维集中黏弹性人工边界

该人工边界可以通过 ANSYS 软件中的 Combine14 单元实现，且 Combine14 单元的刚度和阻尼系数可表示为

$$K = \alpha \frac{G}{r} \sum_{i=1}^{I} A_i \tag{4.77}$$

$$C = \rho c \sum_{i=1}^{I} A_i \tag{4.78}$$

4.2.2　三维黏弹性人工边界理论

4.2.2.1　法向人工边界

1. 球面波动方程

微元体的径向平衡方程为

$$(\sigma_r + \mathrm{d}\sigma_r)[(r+\mathrm{d}r)\mathrm{d}\varphi]^2 - \sigma_r (r\mathrm{d}\varphi)^2 - \sigma_{\mathrm{T}} \mathrm{d}r (r\mathrm{d}\varphi) \sin\frac{\mathrm{d}\varphi}{2}$$

$$-\rho \frac{\partial^2 u_r}{\partial t^2} (r\mathrm{d}\varphi)^2 \mathrm{d}r = 0 \tag{4.79}$$

式（4.79）中 $\mathrm{d}\varphi$ 表示微小量，故可将$\frac{\mathrm{d}\varphi}{2}$用 $\sin\frac{\mathrm{d}\varphi}{2}$替换，去掉

无穷小量后，可得

$$\frac{\partial\sigma_r}{\partial r}+\frac{2(\sigma_r-\sigma_T)}{r}-\rho\frac{\partial^2 u}{\partial t^2}=0 \tag{4.80}$$

对于球体力学模型而言，只会产生径向和切向线应变 ε_r、ε_T，具体方程表达式为

$$\varepsilon_r=\frac{\partial u_r}{\partial r} \tag{4.81}$$

$$\varepsilon_T=\frac{u_r}{r} \tag{4.82}$$

$$\sigma_r=\frac{E}{(1+\mu)(1-2\mu)}[(1-\mu)\varepsilon_r+2\mu\varepsilon_T] \tag{4.83}$$

$$\sigma_T=\frac{E}{(1+\mu)(1-2\mu)}[\varepsilon_T+\mu\varepsilon_r] \tag{4.84}$$

由上述式子得出的波动方程为

$$\rho\frac{\partial^2 u_r}{\partial t^2}=\frac{E(1-\mu)}{(1+\mu)(1-2\mu)}\left(\frac{\partial^2 u_r}{\partial r^2}+\frac{2}{r}\frac{\partial u_r}{\partial r}-\frac{2}{r^2}u_r\right) \tag{4.85}$$

式（4.85）可进一步转化为

$$\frac{1}{c_p^2}\frac{\partial^2 u}{\partial t^2}=\frac{\partial^2 u_r}{\partial r^2}+\frac{2}{r}\frac{\partial u_r}{\partial r}-\frac{2}{r^2}u_r \tag{4.86}$$

式（4.86）中，波速 $c_p=\sqrt{\dfrac{E(1-\mu)}{\rho(1+\mu)(1-2\mu)}}$。

2. 求解波动方程

假设势函数为 ψ，且 $u_r=\dfrac{\partial\psi}{\partial r}$，将 $u_r=\dfrac{\partial\psi}{\partial r}$代入式（4.79）后，波动方程转化为

$$\frac{\partial}{\partial r}\left[\frac{1}{r}\frac{\partial^2}{\partial r^2}(r\psi)\right]-\frac{1}{c_p^2}\frac{\partial}{\partial r}\left(\frac{\partial^2\psi}{\partial t^2}\right)=0 \tag{4.87}$$

对式（4.87）进行有关 r 的积分，可得

$$\frac{1}{r}\frac{\partial^2}{\partial r^2}(r\psi)-\frac{1}{c_p^2}\left(\frac{\partial^2\psi}{\partial t^2}\right)=F(t) \tag{4.88}$$

式（4.88）中 $F(t)$ 为具有任意特解 $\psi_1(t)$ 的任意函数，若 $F(t)=0$，则

$$\frac{\partial^2}{\partial r^2}(r\psi)=\frac{1}{c_p^2}\left[\frac{\partial^2 \psi}{\partial t^2}\right](r\psi) \tag{4.89}$$

求得的外行波解为

$$r\psi=f(r-c_p t) \tag{4.90}$$

径向的位移为

$$u_r=\frac{1}{r^2}f(r-c_p t)+\frac{1}{r}f'(r-c_p t) \tag{4.91}$$

3. 法向应力的表述

根据式（4.74）、式（4.75）、式（4.76）和式（4.91）可得

$$\sigma_r=\frac{2E}{(1+\mu)r^3}f-\frac{2E}{(1+\mu)r^2}f'+\frac{(1-\mu)E}{(1+\mu)(1-2\mu)}\frac{1}{r}f'' \tag{4.92}$$

再次转化式（4.92）可得

$$\sigma_r=\frac{4G}{r^3}f-\frac{4G}{r^2}f'+\frac{2G+\lambda}{r}f'' \tag{4.93}$$

构建 σ_r 和 u_r 间的联系，引入方程

$$u_r=\frac{c_p}{r^2}f'-\frac{c_p}{r}f'' \tag{4.94}$$

$$u_r=-\frac{c_p^2}{r^2}f''+\frac{c^2}{r}f''' \tag{4.95}$$

$$\frac{\partial \sigma_r}{\partial t}=-c_p\frac{4G}{r^3}f'+c_p\frac{4G}{r^2}f''-c_p\frac{2G+\lambda}{r}f''' \tag{4.96}$$

结合引入方程可将 σ_r 转化成

$$\sigma_r+\frac{r}{c_p}\frac{\partial \sigma_r}{\partial t}=-\frac{4G}{r^3}u_r-\frac{4G}{c_p}u_r-\frac{(2G+\lambda)r}{c_p^2}u_r \tag{4.97}$$

σ_r 再次转化，可得

$$\sigma_r+\frac{r}{c_p}\frac{\partial \sigma_r}{\partial t}=-\frac{4G}{r}u_r-\frac{4G}{c_p}u_r-\rho r u_r \tag{4.98}$$

4. 等效的法向物理元件

式（4.98）表述的应力边界可用一个等效的力学模型模拟，且可依据该力学模型写出对应的动力平衡方程

$$ku_1+c(u_1-u_2)=-f(t) \tag{4.99}$$

$$mu_2+c(u_2-u_1)=0 \tag{4.100}$$

联合式（4.99）和式（4.100）可得

$$f+\frac{m}{c}f'=-ku_1-\frac{mk}{c}u_1-mu_1 \tag{4.101}$$

与式（4.98）比对，可得到物理元件的有关系数计算公式

$$m=\rho r \quad c=\rho c_p \quad k=\frac{4G}{r} \tag{4.102}$$

4.2.2.2 切向人工边界

1. 球面波动方程

球体微元在切向的平衡方程

$$\left(\tau+\frac{\partial\tau}{\partial r}\mathrm{d}r\right)[(r+\mathrm{d}r)\mathrm{d}\varphi]^2+\tau(r\mathrm{d}\varphi\mathrm{d}r)\sin\frac{\mathrm{d}\varphi}{2}+\left(\tau+\frac{\partial\tau}{\partial r}\mathrm{d}r\right)(r\mathrm{d}\varphi\mathrm{d}r)\sin\frac{\mathrm{d}\varphi}{2}$$

$$=\tau\,(r\mathrm{d}\varphi)^2+\rho\,\frac{\partial^2 u_T}{\partial t^2}(r\mathrm{d}\varphi)^2\mathrm{d}r \tag{4.103}$$

式（4.103）中 $\mathrm{d}\varphi$ 表示微小量，故可将$\frac{\mathrm{d}\varphi}{2}$用 $\sin\frac{\mathrm{d}\varphi}{2}$替换，同时去掉无穷小量后，可得

$$\rho\,\frac{\partial^2 u_T}{\partial t^2}=\frac{\partial\tau}{\partial r}+\frac{3\tau}{r} \tag{4.104}$$

对于球体微元关于切向和无径向的位移方程表达式为

$$\gamma=\frac{\partial u_T}{\partial r}-\frac{u_T}{r} \tag{4.105}$$

$$\tau=G\gamma \tag{4.106}$$

由上述式子得出的波动方程为

$$\frac{\partial u_T}{\partial t^2}=\frac{G}{\rho}\left(\frac{\partial^2 u_T}{\partial r^2}+\frac{2}{r}\frac{\partial u_T}{\partial r}-\frac{2u_T}{r^2}\right) \tag{4.107}$$

2. 求解波动方程

假设势函数为 Ψ，且 $u_T=\frac{\partial\Psi}{\partial r}$，将 $u_T=\frac{\partial\Psi}{\partial r}$代入式（4.100）后，波动方程转化为

$$\frac{\partial}{\partial r}\frac{\partial^2\Psi}{\partial t^2}=\frac{G}{\rho}\frac{\partial}{\partial r}\left(\frac{\partial^2\Psi}{\partial r^2}+\frac{2}{r}\frac{\partial\Psi}{\partial r}\right) \tag{4.108}$$

对式（4.108）进行有关 r 的积分，可得

$$\frac{\partial^2 \Psi}{\partial t^2}=c_s^2\left(\frac{\partial^2 \Psi}{\partial r^2}+\frac{2}{r}\frac{\partial \Psi}{\partial r}\right) \tag{4.109}$$

式（4.109）中，$c_s=\sqrt{\dfrac{G}{\rho}}$，为剪切波速。

求得 Ψ 的外行波解为

$$\Psi(r,t)=\frac{1}{r}f(r-c_s t) \tag{4.110}$$

切向的位移为

$$u_T(r,t)=-\frac{1}{r^2}f+\frac{1}{r}f' \tag{4.111}$$

对其求一阶和二阶导数得

$$u_T(r,t)=\frac{c_s}{r^2}f'+\frac{c_s}{r}f'' \tag{4.112}$$

$$u_T(r,t)=\frac{c_s^2}{r^2}f''+\frac{c_s^2}{r}f''' \tag{4.113}$$

3. 法向应力的表述

根据式（4.105）、式（4.106）和式（4.111）可得

$$\tau=G\left(\frac{3}{r^3}f-\frac{3}{r^2}f'+\frac{1}{r}f''\right) \tag{4.114}$$

再结合式（4.111）、式（4.112）转化可得

$$\tau=G\left(-\frac{3}{r}u_T+\frac{1}{r}f''\right) \tag{4.115}$$

将式（4.115）两端对 t 求导

$$\frac{\partial \tau}{\partial t}=G\left(-\frac{3}{r}u_T-\frac{c_s}{r}f'''\right) \tag{4.116}$$

联合式（4.113）、式（4.114）以及式（4.115）可得

$$\tau+\frac{r}{c_s}\frac{\partial \tau}{\partial t}=-\frac{3G}{r}u_T-\frac{3G}{c_s}u_T-\rho r u_T \tag{4.117}$$

4. 等效的法向物理元件

式（4.117）表述的应力边界可用一个等效的力学模型模拟，且可依据该力学模型写出对应的动力平衡方程

$$ku_1+c(u_1-u_2)=-f(t) \tag{4.118}$$

$$mu_2+c(u_2-u_1)=0 \tag{4.119}$$

联合式（4.118）和式（4.119）可得出

$$f+\frac{m}{c}f'=-ku_1-\frac{mk}{c}u_1-mu_1 \tag{4.120}$$

与式（4.117）比对，可得到物理元件的有关系数计算公式

$$m=\rho r \quad c=\rho c_s \quad k=\frac{3G}{r} \tag{4.121}$$

5. 三维黏弹性人工边界

三维黏弹性人工边界的在 ANSYS 有限元软件中的实现方法与二维黏弹性人工边界一样，且其 Combine14 的刚度和阻尼表达形式一致。

4.2.3 黏弹性人工边界的地震动输入方法

黏弹性人工边界中的 Combine14 单元一端固定，另一端与有限人工边界的边界节点相连。当到达计算域的外传散射波被黏弹性人工边界完全吸收时，人工边界节点上产生的波动效应即是自由场运动。如此一来，地震动输入问题可通过作用在人工边界上的自由场运动，最终转化成等效节点应力施加在人工边界上。

设自由场位移向量、速度向量、应力张量 $u_b^{ff}=[U\ V\ W]^{\mathrm{T}}$、$u_b^{ff}=[u\ V\ W]^{\mathrm{T}}$ 和 σ_b^{ff} 分别被作用于人工边界节点上，人工边界中弹簧单元的刚度为 K_b，弹簧阻尼系数为 C_b，则等效作用于人工边界节点上的应力为

$$F_b=(K_b u_b^{ff}+C_b u_b^{ff}+\sigma_b^{ff}n)A_b \tag{4.122}$$

式中：A_b 为边界节点的有效面积；n 为外法线方向余弦向量；K_b 为对角阵，且不同边界面的表述形式也不同，当边界面的外法向平行于 x 轴时为 $\begin{bmatrix} K_{BN} & & \\ & K_{BT} & \\ & & K_{BT} \end{bmatrix}$，平行于 y 轴时为 $\begin{bmatrix} K_{BT} & & \\ & K_{BN} & \\ & & K_{BT} \end{bmatrix}$，平

行于 z 轴时为 $\begin{bmatrix} K_{BT} & & \\ & K_{BT} & \\ & & K_{BN} \end{bmatrix}$；同样也可得 C_b。

由介质中波传播产生的折射和反射规律可知，波从地壳深处传到地表的过程中，越靠近地表波的入射方向越接近于垂直地表的竖向。故可用下式来描述自由场应变

$$\begin{cases} \varepsilon_{xx}=\dfrac{\partial U}{\partial x}=0;\ \varepsilon_{yy}=\dfrac{\partial V}{\partial y}=0;\ \varepsilon_{zz}=\dfrac{\partial W}{\partial z} \\ \varepsilon_{yz}=\dfrac{\partial W}{\partial y}+\dfrac{\partial V}{\partial z}=\dfrac{\partial V}{\partial z};\ \varepsilon_{zx}=\dfrac{\partial U}{\partial z}+\dfrac{\partial W}{\partial x}=\dfrac{\partial U}{\partial z};\ \varepsilon_{xy}=\dfrac{\partial V}{\partial x}+\dfrac{\partial U}{\partial y}=0 \end{cases} \tag{4.123}$$

将式（4.123）代入线弹性应力-应变关系中可得出自由场应力

$$\begin{Bmatrix} \sigma_{xx} \\ \sigma_{yy} \\ \sigma_{zz} \\ \sigma_{yz} \\ \sigma_{zx} \\ \sigma_{xy} \end{Bmatrix}=\begin{bmatrix} \lambda+2\mu & \lambda & \lambda & & & \\ \lambda & \lambda+2\mu & \lambda & & & \\ \lambda & \lambda+2\mu & \lambda & & & \\ & & & \mu & & \\ & & & & \mu & \\ & & & & & \mu \end{bmatrix}=\begin{Bmatrix} \lambda\dfrac{\partial W}{\partial z} \\ \lambda\dfrac{\partial W}{\partial z} \\ (\lambda+2\mu)\lambda\dfrac{\partial W}{\partial z} \\ \mu\dfrac{\partial V}{\partial z} \\ \mu\dfrac{\partial U}{\partial z} \\ 0 \end{Bmatrix} \tag{4.124}$$

式（4.124）中的 $\dfrac{\partial W}{\partial z}$、$\dfrac{\partial V}{\partial z}$、$\dfrac{\partial U}{\partial z}$ 三项均可用对应的自由场速度表述，这样在有自由场速度和位移的情况下，便可求出边界节点上的等效应力，化解了了求解自由场应力的难题。实际计算时，可将已知的地震加速度时程进行反演，然后进行积分，再结合波动理论，求得自由场位移和速度。

以 P 波垂直底边界入射为例 $[U=0,\ V=0,\ W=W_0(t)]$，说

明以上求解过程的合理性。由波动理论可知，任意位置 h 和时刻 t 自由场的位移、速度、加速度的表述形式为

$$W=W_0\left(t-\frac{h}{c_p}\right)+W_0\left(t-\frac{2H-h}{c_p}\right) \tag{4.125}$$

$$W=W_0\left(t-\frac{h}{c_p}\right)+W_0\left(t-\frac{2H-h}{c_p}\right) \tag{4.126}$$

$$\frac{\partial W}{\partial z}=-\frac{1}{c_p}\left[W_0\left(t-\frac{h}{c_p}\right)-W_0\left(t-\frac{2H-h}{c_p}\right)\right] \tag{4.127}$$

式中：H 表示地表距离底边界的高度；h 为底边界到边界节点间的距离。

处于底面边界时，$h=0$，$n=[0\ 0\ -1]^{\mathrm{T}}$，若将式（4.120）中的对等项用式（4.124）替换，可得自由场应力表达式：

$$\begin{Bmatrix}\sigma_{xx}\\ \sigma_{yy}\\ \sigma_{zz}\\ \sigma_{yz}\\ \sigma_{zx}\\ \sigma_{xy}\end{Bmatrix}=\begin{Bmatrix}\lambda\dfrac{\partial W}{\partial z}\\ \lambda\dfrac{\partial W}{\partial z}\\ \rho c_p^2\dfrac{\partial W}{\partial z}\\ 0\\ 0\\ 0\end{Bmatrix}=\begin{Bmatrix}-\dfrac{\lambda}{c_p}\left[W_0(t)-W_0\left(t-\dfrac{2H}{c_p}\right)\right]\\ -\dfrac{\lambda}{c_p}\left[W_0(t)-W_0\left(t-\dfrac{2H}{c_p}\right)\right]\\ -\rho c_p\left[W_0(t)-W_0\left(t-\dfrac{2H}{c_p}\right)\right]\\ 0\\ 0\\ 0\end{Bmatrix} \tag{4.128}$$

联合式（4.122）、式（4.125）、式（4.126）、式（4.128）及 $n=[0\quad 0\quad -1]^{\mathrm{T}}$ 可得节点等效应力为

$$\begin{Bmatrix}F_{bx}\\ F_{by}\\ F_{bz}\end{Bmatrix}=\begin{bmatrix}K_{BT} & 0 & 0\\ 0 & K_{BT} & 0\\ 0 & 0 & K_{BN}\end{bmatrix}\begin{Bmatrix}0\\ 0\\ W_0(t)+W_0\left(t-\dfrac{2H}{c_p}\right)\end{Bmatrix}A_b$$

$$+\begin{bmatrix}C_{BT} & 0 & 0\\ 0 & C_{BT} & 0\\ 0 & 0 & C_{BN}\end{bmatrix}\begin{Bmatrix}0\\ 0\\ W_0(t)+W_0\left(t-\dfrac{2H}{c_p}\right)\end{Bmatrix}A_b$$

$$+\begin{Bmatrix} 0 \\ 0 \\ \rho c_p\left[W_0\ (t)\ -W_0\left(t-\dfrac{2H}{c_p}\right)\right] \end{Bmatrix}A_b \tag{4.129}$$

也即

$$\begin{cases} F_{bx}^{-z}=0 \\ F_{by}^{-z}=0 \\ F_{by}^{-z}=A_b\left\{K_{BN}\left[W_0(t)+W_0\left(t-\dfrac{2H}{c_\mathrm{p}}\right)\right]+C_{BN}\left[W_0(t)+W_0\left(t-\dfrac{2H}{c_\mathrm{p}}\right)\right]\right. \\ \qquad\left.+\rho c_\mathrm{p}\left[W_0(t)-W_0\left(t-\dfrac{2H}{c_\mathrm{p}}\right)\right]\right\} \end{cases} \tag{4.130}$$

同理，也可求得底边界S波入射的节点等效应力表达式

$$\begin{cases} F_{bx}^{-z}=A_b\left\{K_{BT}\left[U_0(t)+U_0\left(t-\dfrac{2H}{c_\mathrm{p}}\right)\right]+C_{BT}\left[U_0(t)+U_0\left(t-\dfrac{2H}{c_\mathrm{S}}\right)\right]\right. \\ \qquad\left.+\rho c_\mathrm{S}\left[U_0(t)-U_0\left(t-\dfrac{2H}{c_\mathrm{S}}\right)\right]\right\} \\ F_{by}^{-z}=0 \\ F_{by}^{-z}=0 \end{cases} \tag{4.131}$$

计算中地基侧边界节点等效应力的求解方法与底边界的求解过程一样。

4.2.4　三维黏弹性人工边界地震动输入方法合理性验证

结合ANSYS有限元软件编制APDL语言程序模拟无穷远地基的辐射阻尼效应，验证三维黏弹性人工边界地震动输入方法及等效公式的合理性。

假设从三维半无限空间中截取边长为50m×50m×50m的三维离散立方体，运用ANSYS有限元软件中的Solid45单元和Combin14单元，建立三维黏弹性人工边界模型，模型如图4.1所示，计算中取人工边界模型的网格尺寸为2m。

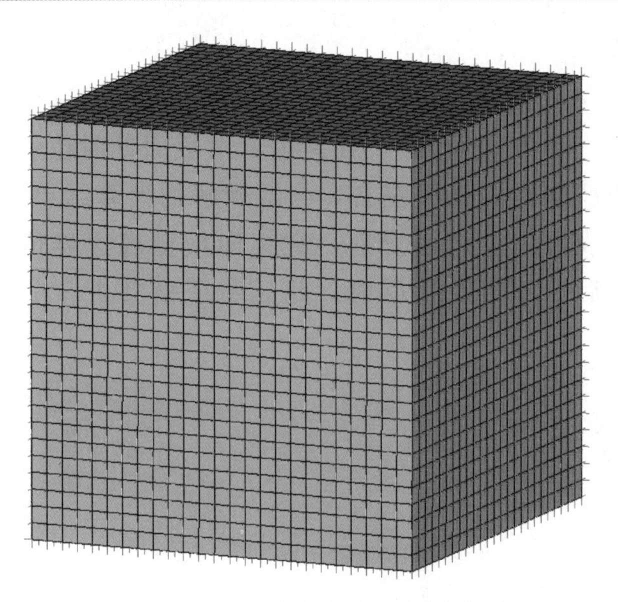

图 4.1 三维黏弹性人工边界模型

验证分析中，取离散立方体材料为各向同性，弹模值为 $E=24MPa$，泊松比 $\mu=0.2$，剪切模量 $G=10MPa$，密度 $\rho=1000kg/m^3$，剪切波和纵波波速分别为 $c_s=100m/s$、$c_p=163.3m/s$，阻尼系数为零。在模型底边界输入两条水平向单位脉冲剪切位移波和一条竖直向单位脉冲压缩位移波，三条波的波形函数一致，波形图如图4.2所示，步长间隔为0.01s，总步长2.0s，具体的位移、速度关

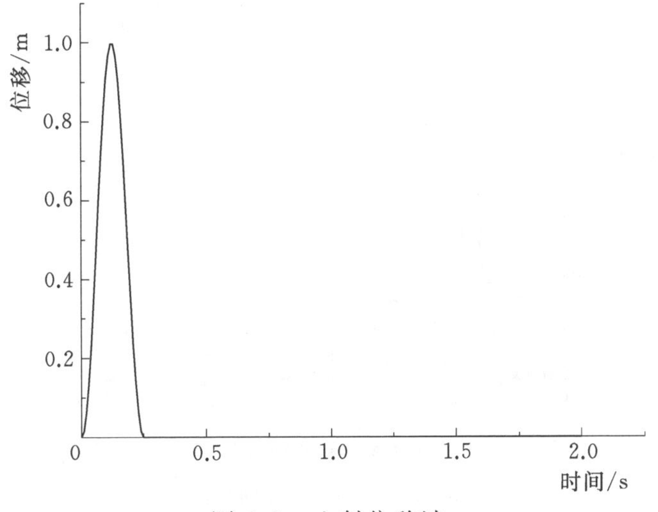

图 4.2 入射位移波

系式见文献。

由图 4.3 可知，剪切位移波和压缩位移波经一定时间后传播到模型顶部（自由表面处），且到达自由表面处时位移波幅值放大为输入剪切波幅值的 2 倍左右，与解析解的计算结果吻合度极高。波到达自由表面后会产生反射，继续向模型底边界传播，完全穿过地面边界后，不再发生反射，此后验证模型中各节点的位移值均为 0。

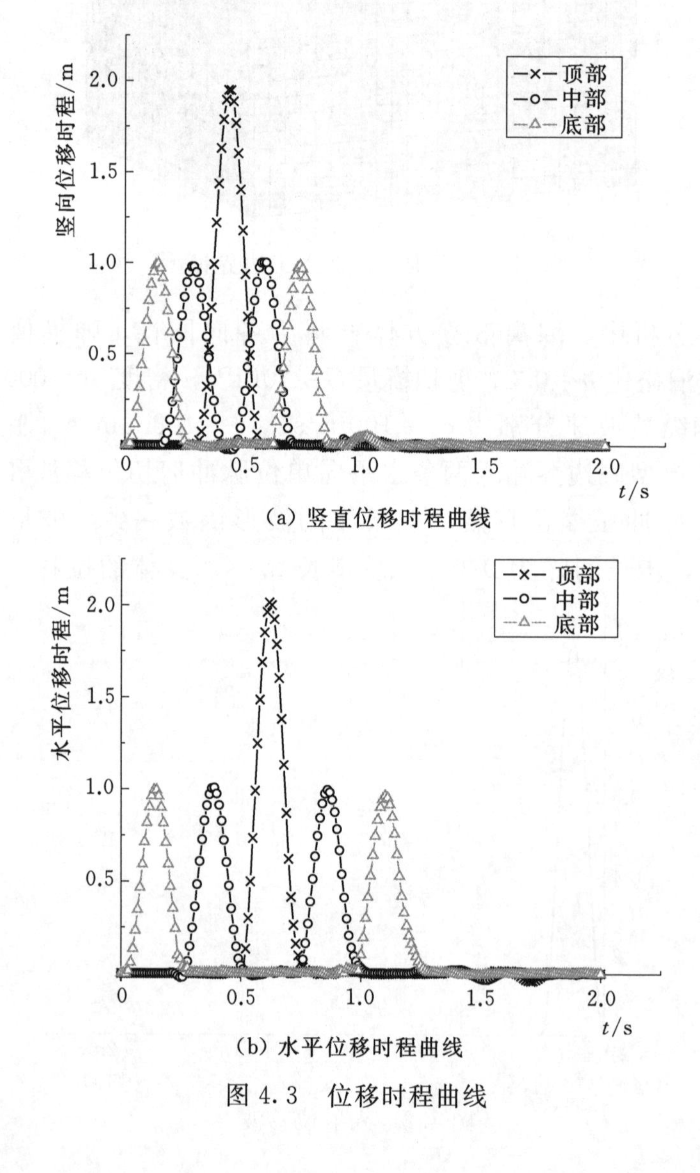

(a) 竖直位移时程曲线

(b) 水平位移时程曲线

图 4.3　位移时程曲线

4.3 脉动风谱模拟理论

在实际工程计算中，近地风被分为平均风和脉动风，脉动风可以近似看做一个稳定的高斯随机过程，ARMA 模型可以用来模拟稳定的高斯随机风场相关性，能够高效快速模拟风速样本以满足工程需要，其应用非常广泛。

根据设计资料，工程所在区域多年平均风速 3.5m/s，最大风速达 21m/s。应用 ARMA 模型，在 MATLAB 平台上编制脉动风模拟程序，目标功率谱采用 Davenport 谱，步长为 0.1s，时程总时长 200s，其形状函数如下：

$$\begin{cases} S_v(n)=v_{10}^2\dfrac{4kx}{n\,(1+x^2)^{4/3}} \\ x=1200\,\dfrac{n}{v_{10}} \end{cases} \tag{4.132}$$

式中：$S_v(n)$ 为脉动风速功率谱；n 为脉动风频率，Hz；k 为地面粗糙度系数，取为 0.003；v_{10} 为高度 10m 处的平均风速，取为 21m/s。

通过模拟得到 10m 高度的脉动风速样本时程曲线，如图 4.4 所示。图 4.5 对比了模拟结果的功率谱与目标谱，可以看出两条曲线贴合良好，表明 ARMA 模型可有效模拟出脉动风速时程。

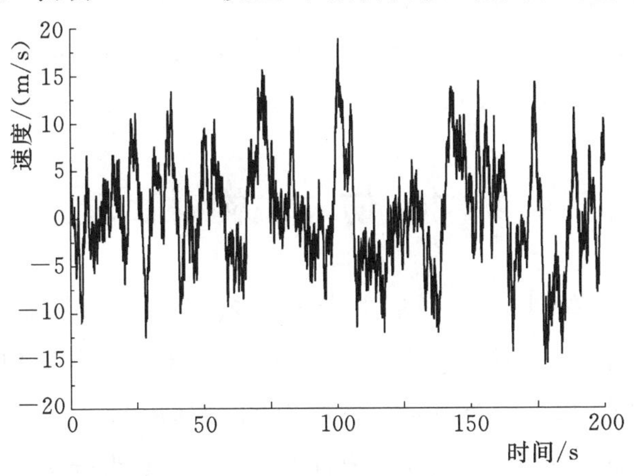

图 4.4　脉动风速样本时程曲线

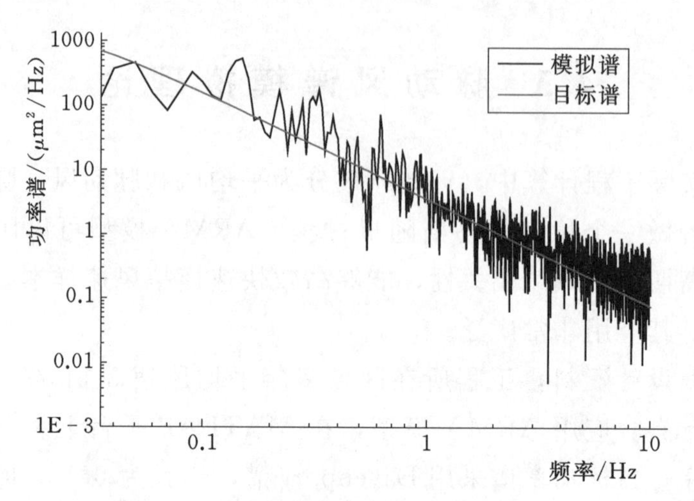

图 4.5　模拟结果与目标功率谱对比

得到脉动风的时程后，将计算点的平均风速与脉动风速相加，可得到计算点的瞬时风速。根据风速和风压的关系计算脉动风压：$P=0.5\rho V^2$，其中 ρ 为大气密度，基本风压取 0.4kPa。采用式（4.133）计算质量阻尼系数 α 以及刚度阻尼系数 β：

$$\begin{cases} h=\dfrac{\alpha}{2\omega_a}+\dfrac{\beta\omega_a}{2} \\ h=\dfrac{\alpha}{2\omega_b}+\dfrac{\beta\omega_b}{2} \end{cases} \tag{4.133}$$

式中：h 为阻尼比，取 0.05；$\omega=2\pi f$ 为圆频率。

f_a 和 f_b 分别选取不同模型工况下结构敏感的频率范围内任两阶频率。

4.4 损伤本构机理

ABAQUS 软件具有非常强大的非线性分析功能，其中混凝土损伤模型（CDP）始终被广泛地应用于混凝土损伤开裂研究。CDP 模型是 1998 年由 Lee 和 Fenves 提出的，其原理为：采用各向同性拉压塑性理论并结合各向同性弹性理论的非线性行为，使用各向同性弹性损伤和非关联多重硬化塑性理论来表征材料破坏过程的不可

逆过程。

CDP 本构模型应用于单调、循环和动力荷载的低围压环境，该模型用来模拟周期荷载作用下混凝土材料的刚度恢复效应，同时考虑应变率对材料的影响。

4.4.1 本构关系

ABAQUS 中的模型是通过硬化变量和有效应力来确定的：

$$\overline{\sigma}=D_0^{el}:(\varepsilon-\varepsilon^{pl})\in\{\overline{\sigma}\,|\,F(\overline{\sigma},\varepsilon^{pl})\leqslant 0\} \tag{4.134}$$

$$\varepsilon^{pl}=h(\overline{\sigma},\varepsilon^{pi})\cdot\varepsilon^{pl} \tag{4.135}$$

$$\varepsilon^{pl}=\lambda\,\frac{\partial G(\overline{\sigma})}{\partial\sigma} \tag{4.136}$$

其中，λ 和 F 需要满足 Kuhn－Tucker 条件：$\lambda F\leqslant 0$；$\lambda\geqslant 0$；$F\leqslant 0$。

柯西应力（Cauchy stress）通过损伤因子 $d(\overline{\sigma},\ \varepsilon^{pl})$ 和有效应力获得

$$\sigma=(1-d)\overline{\sigma} \tag{4.137}$$

CDP 模型的原理是假定混凝土材料破坏的主因是材料受到拉伸和压缩荷载破碎，混凝土材料损伤在宏观上表现为拉压屈服强度变化不同，材料在经历拉伸屈服后进入软化阶段，而在经历压缩屈服后先进入强化阶段然后进入软化阶段，CDP 本构模型里采用不同的损伤因子来表示拉伸和压缩的刚度退化过程。

从图 4.6 混凝土单轴受拉应力应变曲线中可知，混凝土材料加载在达到失效应力 σ_{t0} 之前是呈现线弹性特征的，材料在这个阶段的力学特性可以用弹性模量 E_0 来描述，当材料达到失效应力后材料表面可能会产生微小的裂纹，继续加载超过失效应力之后，会出现大面积的微裂纹群从而使材料在宏观上表现为材料性能的软化，这就会导致混凝土结构出现局部应变。从图 4.7 混凝土单轴受压应力应变曲线可以观察到，材料加载在达到初始屈服应力 σ_{c0} 之前也是呈现线弹性特征，在达到屈服应力之后继续加载材料进入硬化阶段，当荷载超过极限应力 σ_{cu} 后才表现为材料应变软化。以上两个混凝土的应力应变关系简单的展示了混凝土的主要性能，可以用以

下两个公式表示：

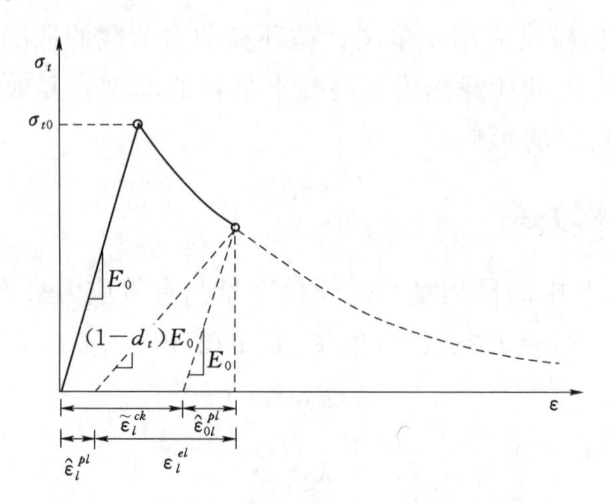

图 4.6　混凝土单轴受拉应力应变关系曲线

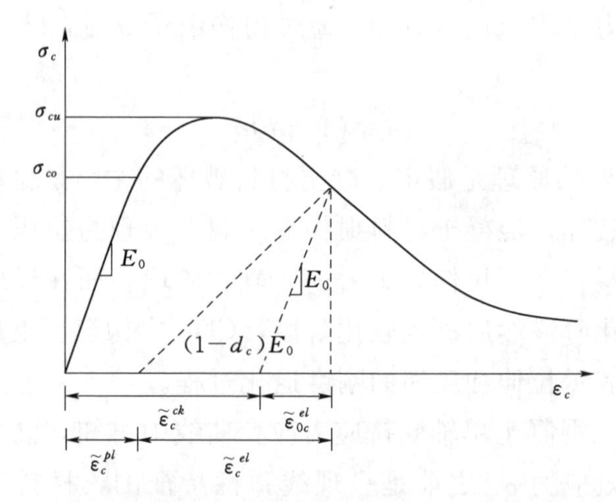

图 4.7　混凝土单轴受压应力应变关系曲线

$$\sigma_t=(1-d_t)E_0(\varepsilon_t-\varepsilon_t^{pl}) \tag{4.138}$$

$$\sigma_c=(1-d_c)E_0(\varepsilon_c-\varepsilon_c^{pl}) \tag{4.139}$$

式中：σ_t 为拉伸应力；σ_c 为压缩应力；d_t 为拉伸损伤因子；d_c 为压缩损伤因子；E_0 为初始弹性模量；ε_t 为拉伸应变；ε_c 为压缩应变；ε_t^{pl} 为拉伸等效塑性应变；ε_c^{pl} 为压缩等效塑性应变。

当采用 CDP 本构模型进行模拟钢筋混凝土结构的损伤过程时，钢筋材料和混凝土材料接触位置的界面效应（如黏结滑移和锁固行

为）则是通过在混凝土模型中引入"拉伸硬化"来模拟钢筋与混凝土在开裂区的荷载传递作用。拉伸硬化的数据是根据开裂应变 $\tilde{\varepsilon}_t^{ck}$ 进行定义的，在 ABAQUS 有限元软件中开裂应变 ε_t^{ck} 和等效塑性应变 ε_t^{pl} 的关系可以表示为

$$\varepsilon_t^{pl}=\varepsilon_t^{ck}-\frac{d_t}{1-d_t}\frac{\sigma_t}{E_0} \tag{4.140}$$

在定义受压硬化时，硬化数据是根据非弹性应变 $\tilde{\varepsilon}_c^{\mathrm{in}}$ 定义的，ABAQUS 中等效塑性应变ε_t^{pl} 和非弹性应变 ε_t^{in} 的关系如下：

$$\varepsilon_t^{pl}=\varepsilon_t^{in}-\frac{d_c}{1-d_c}\frac{\sigma_c}{E_0} \tag{4.141}$$

4.4.2 本构模型参数的确定

4.4.2.1 模型采用的应力-应变关系

若要确定本构模型的各个参数，必须得到混凝土应力-应变关系及其加载和卸载应力的途径。本书采用《混凝土结构设计规范》（GB 50010—2002）附录 C 中建议的单轴本构关系曲线，同时根据实际情况加以修改。当单轴受压时，$\sigma\leqslant 0.4f_c^*$ 可取作线弹性阶段，弹性模量取其割线模量。当单轴受拉时，达到失效应力 σ_{t0} 之前为线弹性阶段。具体的关系式如下。

受压时：

$$y=\begin{cases}(E_0\varepsilon_c/f_c^*)x & (x\leqslant 0.211,\text{即 }\sigma\leqslant 0.4f_c^*)\\ \alpha_a x+(3-2\alpha_a)x^2+(\alpha_a-2)x^3 & (0.211<x<1)\\ x/[\alpha_d(x-1)^2+x] & (x\geqslant 1)\end{cases} \tag{4.142}$$

式中：E_0 为线弹性阶段的割线模量；$x=\varepsilon/\varepsilon_c$；$y=\sigma/f_c^*$。

受拉时：

$$y=\begin{cases}(E_0\varepsilon_t/f_c^*)x & (x\leqslant 1)\\ x/[\alpha_t(x-1)^{1.7}+x] & (x>1)\end{cases} \tag{4.143}$$

式中：$x=\varepsilon/\varepsilon_t$；$y=\sigma/f_t^*$。

4.4.2.2 损伤因子的计算

众所周知，混凝土的受压和受拉性能存在较大的差异，损伤因子d的计算分别按照受拉和受压两种情况分别计算，由公式(4.139)可知$d_c=1-\sigma_c E_0^{-1}/(\varepsilon_c-\varepsilon_c^{pl})$，将$\varepsilon_c=\varepsilon_c^{in}+\varepsilon_{0c}^{el}$，$\varepsilon_{0c}^{el}=\sigma_c E_0^{-1}$代入可得

$$d_c=1-\frac{\sigma_c E_0^{-1}}{\varepsilon_c^{pl}(1-b_c-1)+\sigma_c E_0^{-1}} \tag{4.144}$$

式中：$b_c=\varepsilon_c^{pl}/\varepsilon_c^{in}$。

同理可知，受拉时损伤因子的计算公式为

$$d_t=1-\frac{\sigma_t E_0^{-1}}{\varepsilon_t^{pl}(1-b_t-1)+\sigma_t E_0^{-1}} \tag{4.145}$$

其中　$b_t=\varepsilon_t^{pl}/\varepsilon_t^{in}$。

b_c，b_t的取值由循环荷载卸载再加载应力决定，文献建议取值为0.7，0.1。

4.5 本 章 小 结

本章主要介绍了在渡槽结构损伤分析中使用的理论方法。利用修正后的数值模型，结合相应水体-坝体流固耦合理论、地基模拟理论和脉动风的模拟理论对渡槽进行数值损伤分析，在模型中同时作用几种荷载，模拟在多项因素耦合作用下渡槽的损伤分析，对于薄弱区域进行补强，防止渡槽在实际工作中遭遇复杂极端工况而产生破坏。

第5章 渡槽结构损伤破坏规律研究

当混凝土材料在受到超出弹性极限的拉压载荷时，材料会进入塑性变形阶段，即使在载荷卸去后也会保留一部分残余变形。渡槽结构在设计加速度的地震动响应中材料处于线弹性阶段，随着地震动的增大达到设计加速度的2倍甚至更高时，混凝土就进入非线性损伤阶段。为了探索渡槽在强震作用下的真实运行状态，在混凝土材料属性加入塑性损伤本构，分析材料损伤给渡槽整体带来的影响，为结构安全评价和除险加固提供理论依据。

5.1 风振响应分析

随着工程技术的不断提高，大跨度高耸建筑物越来越频繁地出现在大众视野中，在这些高耸建筑结构的设计和减灾分析中不得不考虑的就是风荷载因素，脉动风荷载与构筑物之间的相互作用机制比较烦琐。脉动风荷载数据一般可以通过气象局的实际观察、风洞实验和Matlab风谱模拟等手段获得。气象观察和风洞实验一般针对于特殊的建筑结构，且经济成本相对偏高；研究一般构筑物普遍采用风谱仿真模拟方法，该方法可以满足统计学中的任意性，比实测数据更具有典型性。

关于脉动风荷载的模拟大部分学者普遍认同是将脉动风荷载看作一个平稳的高斯随机过程来模拟，该随机过程的研究方法主要包含小波分析、谐波合成和线性滤波等方法。学者们采用线型滤波法模拟脉动风荷载分别用于渡槽和塔筒结构，模拟得出的脉动风谱与Davenport目标谱拟合效果很好。除此之外，学者们还尝试采用流体动力学的方法研究建筑物的风振响应，例如，楼文娟等采用计算流体动力学方法结合山地风场特性研究风荷载对输电线路的影响。

基于上述的研究现状，本书利用 ARMA 模型以 Davenport 谱为目标模拟脉动风速，探讨横向脉动风对肋拱式渡槽的风振响应规律，为类似渡槽结构的抗风设计和除险加固提供科学理论基础。

为了探究流固耦合作用下渡槽在风荷载作用下的响应规律，将上述得到的风荷载动力时程数据附加至渡槽槽体的侧面，对正常运行工况下的渡槽进行瞬态分析，在瞬态计算选项卡中设置总时长 20s，时间步长 0.01s，其中施加工程常用的 Rayleigh 质量和刚度阻尼系数，表达式为

$$c=a_0m+a_1k \tag{5.1}$$

$$\xi_n=\frac{a_0}{2\omega_n}+\frac{a_1\omega_n}{2} \tag{5.2}$$

式中：c 为阻尼系数；a_0、a_1 为常实数；m 为质量；k 为刚度；ξ_n 为阻尼比，工程中一般为 0.05；ω_n 为自振频率。

选取位于地基表面以上支墩截面的 6 个控制点，分别记为 A、B、C、D、E 和 F，控制点分布如图 5.1 所示，提取这些控制点的位移和应力响应（见图 5.2、图 5.3 和表 5.1）。限于篇幅，仅展示控制点 A 的位移和应力响应曲线（见图 5.4 和图 5.5）。

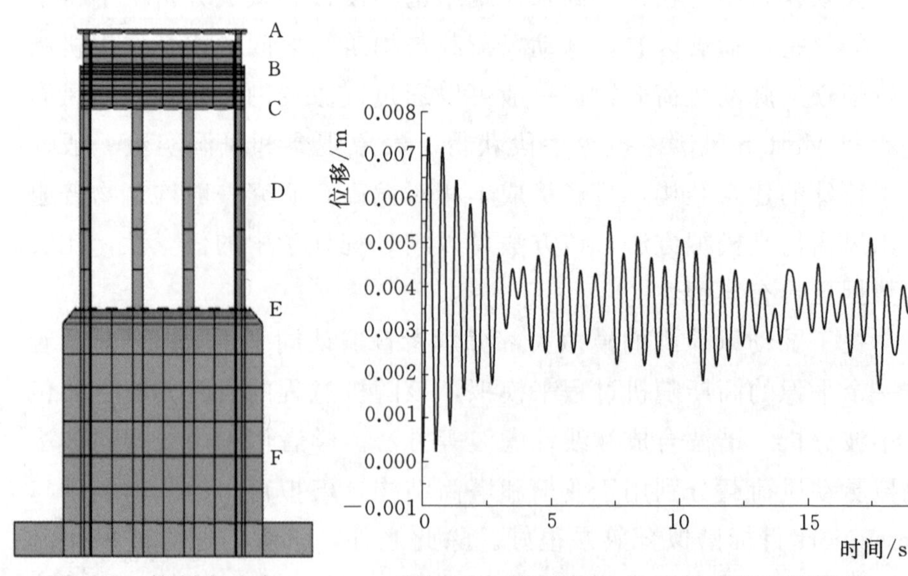

图 5.1　控制点分布　　　图 5.2　控制点 A 的 Y 轴位移时程曲线

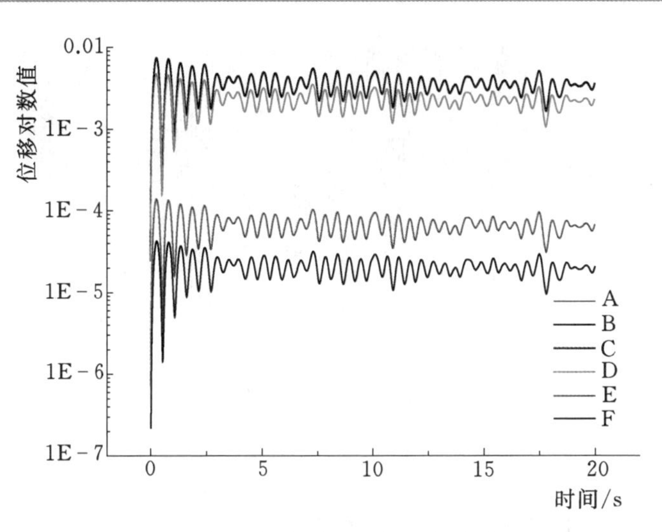

图 5.3 各控制点的 Y 轴位移时程曲线

表 5.1 各控制点的 *Y* 轴位移响应最值

控制点	最小值/(10^{-2}mm)	最大值/mm
A	3.87	7.58
B	3.82	7.49
C	3.78	7.41
D	2.45	1.78
E	0.07	0.14
F	0.02	0.01

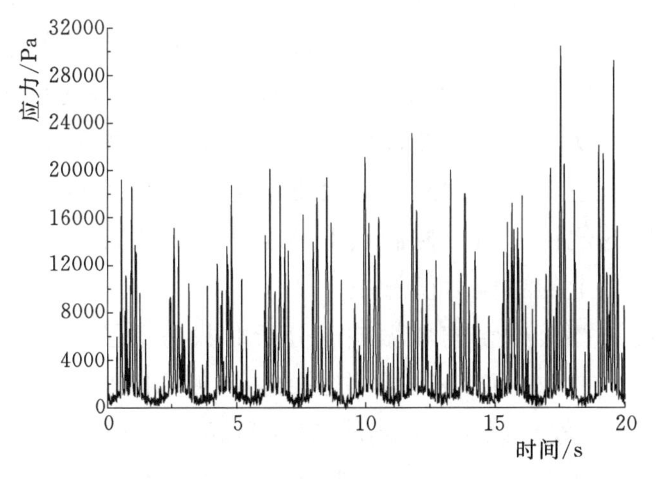

图 5.4 控制点 A 的第一主应力时程曲线

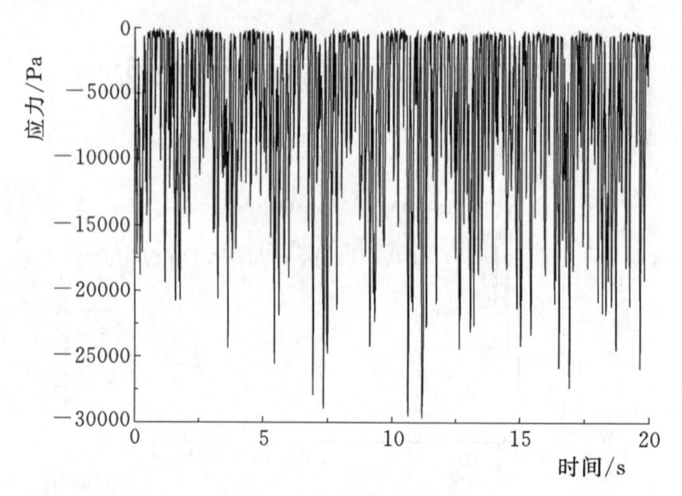

图 5.5　控制点 A 的第三主应力时程曲线

从图 5.3 中可知，对流固耦合的渡槽进行风荷载动力分析，各控制点的位移响应随着渡槽高度不断增大，这种现象符合正常规律。从表 5.1 中可知，控制点 A、B、C、D、E 和 F 的位移最大值分别为 7.58mm、7.49mm、7.41mm、1.78mm、0.14mm 和 0.01mm，A、B 和 C 控制点的位移相对较大是因为这些控制点位于渡槽的槽身和小腹拱处，槽身和小腹拱全为密实结构，质量很大，对渡槽结构垂直水流方向的摆动影响很大。

从图 5.6 中可以看出，在渡槽支墩以上的部位第一主应力由上到下呈现增大的趋势，此现象符合一般规律；在小腹拱和肋柱的接触部位应力发生突变，是由于这些部位接触截面急剧变化产生应力集中现象。从图 5.7 中所示的第三主应力云图与第一主应力云图规律基本一致，从表 5.2 的数值中看出，除了肋柱顶部由于接触面积发生突变导致主应力较大外，其余支墩上部结构控制点符合自上到下依次递增的规律。由于控制点 F 取自于支墩中部，而支墩质量较大，因此支墩上的主应力值偏小。

本节在进行渡槽结构风振响应分析时只考虑了垂直于槽身的风荷载，通过在 MATLAB 操作平台上使用自回归滑动平均（ARMA）模型模拟以 Davenport 谱为目标谱的脉动风场，对有限元模型进行脉动风压下的动力时程求解，同时对渡槽结构风振响应

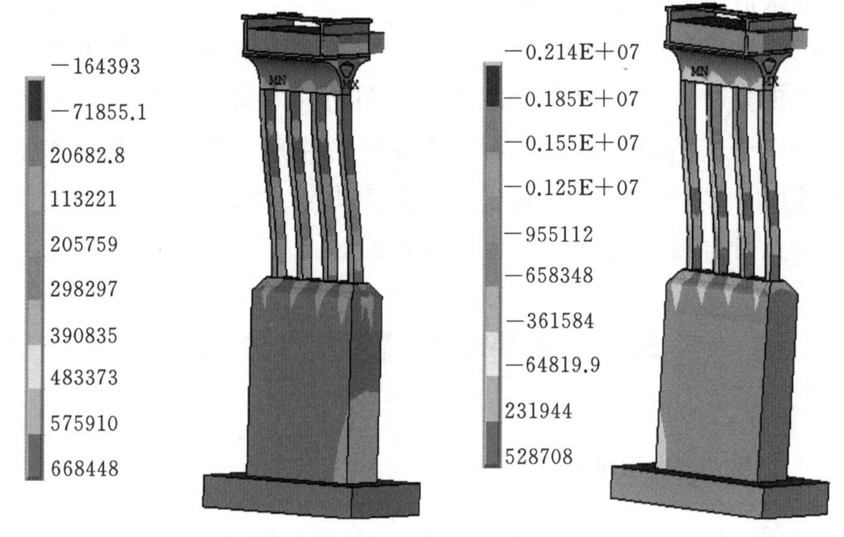

图 5.6　第一主应力云图　　　　图 5.7　第三主应力云图

表 5.2　　　各控制点的应力最值

控制点	第一主应力		第三主应力	
	应力值/MPa	对应时刻/s	应力值/MPa	对应时刻/s
A	0.030	17.54	0.029	11.17
B	0.044	6.37	0.010	9.24
C	0.273	9.21	1.409	10.14
D	0.067	9.17	0.232	10.18
E	0.149	6.37	0.206	10.18
F	0.066	10.21	0.013	9.19

进行分析得出如下结论：

(1) 各控制点的位移响应随着渡槽高度不断增大，这种现象符合正常规律。控制点 A、B、C、D、E 和 F 的位移最大值分别为 7.58mm、7.49mm、7.41mm、1.78mm、0.14mm 和 0.01mm，A、B 和 C 控制点的位移相对较大是因为这些控制点位于渡槽的槽身和小腹拱处，槽身和小腹拱全为密实结构，质量很大，对渡槽结构垂直水流方向的摆动影响很大。

（2）在渡槽支墩以上的部位第一主应力由上到下呈现增大的趋势，此现象符合一般规律；在小腹拱和肋柱的接触部位应力发生突变，是由于这些部位接触截面急剧变化产生应力集中现象。除了肋柱顶部由于接触面积发生突变导致主应力较大外，其余支墩上部结构控制点符合自上到下依次递增的规律。

5.2 线弹性地震动力分析

5.2.1 地震动选取

水工结构在进行地震动分析时，需要选取合适的地震波数据，这不但取决于结构本身的振动特点，而且与输入地震波的特性（如地震波的峰值加速度、频谱特性和地震动的持续时间）息息相关。目前，地震波的来源主要来自两种途径：①在 PEER Ground Motion Database 中心选取天然记录的地震波；②通过编程人工生成地震波数据。当然这两种选取方法都得满足以下条件：

（1）地震动的峰值加速度（PGA）。峰值加速度应根据结构所在地的地震设防烈度选择，若存在微小差距时可以等比例缩小或放大。

（2）频谱特性。此处的频谱特性主要是指反应谱特征周期。当工程所在场地土质比较坚硬时，特征周期就比较小，地震波中短周期成分较多即高频成分多；相反地，当土层比较柔软时，周期就比较大，地震波的低频成分多。

（3）地震波的有效持续时间。该有效持续时间不是指地震波的时间跨度，而是反映地震数据从第一次达到 0.1 倍的 PGA 到最后达到 0.1 倍的 PGA 之前的时间间隔，该间隔通常为 5～10 倍的结构自振周期。

本书使用的地震波是从 PEER Ground Motion Database 中心选取的天然地震波，通过该中心选取的地震波可以直接获取地震波数

据的位移、速度和加速度时程，可以省去从加速度数学积分获取速度和位移的过程。

长岗坡渡槽所处场地的抗震设防烈度为Ⅵ度，设计基本地震加速度值为 0.05g，反应谱特征周期为 0.35s，设计地震分组为第 1 组，根据以上参数得到地震波的目标反应谱如图 5.8 所示。将目标谱中的参数提交到 PEER 中心，最终选取与目标谱拟合最好的 El Centro 波为本次计算的地震波，El Centro 波的加速度时程如图 5.9 所示。

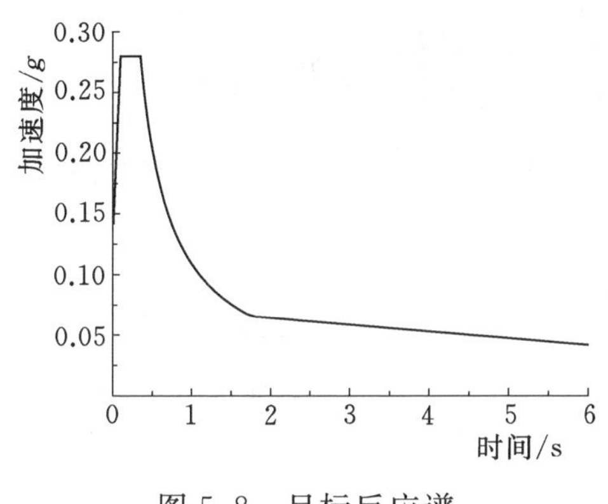

图 5.8 目标反应谱

从图 5.9 中可以了解到 El - Centro 波的持续时间为 50s，考虑到计算量大小，截取其中的 20s 数据进行渡槽地震动力计算。

5.2.2 模型建立

在 4.1.1 节仅考虑了流固耦合无质量模型，根据 4.1.3 节和 4.2 节中的 Housner 弹簧质量理论和黏弹性边界理论分别建立

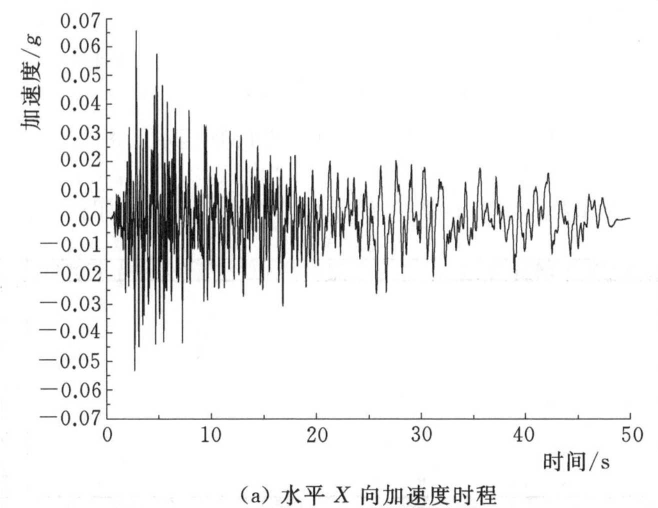

(a) 水平 X 向加速度时程

图 5.9（一） El Centro 波的加速度时程

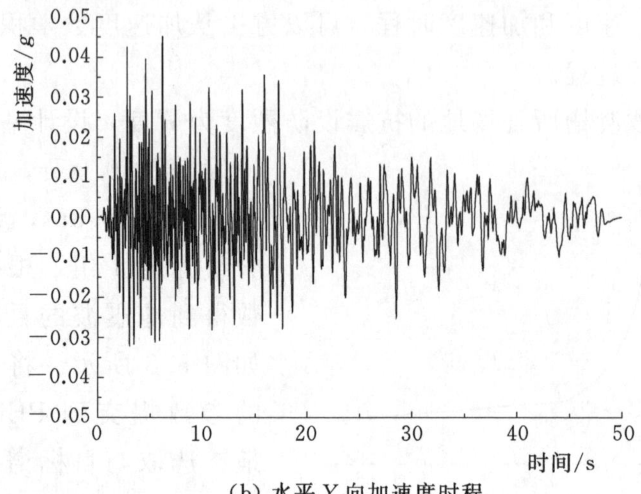

(b) 水平 Y 向加速度时程

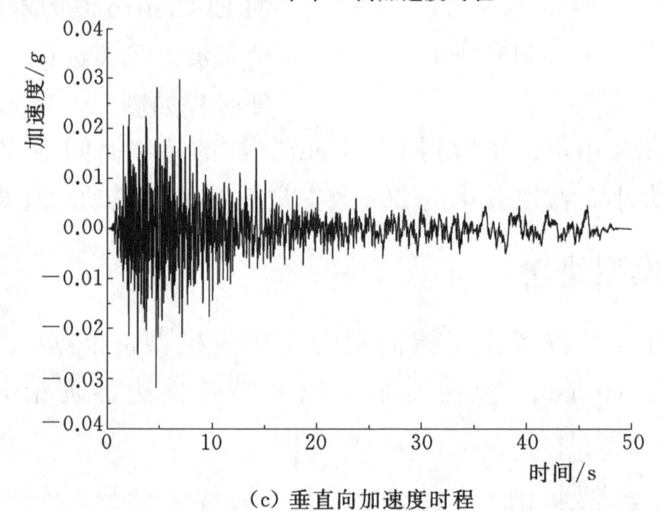

(c) 垂直向加速度时程

图 5.9（二）　El Centro 波的加速度时程

Housner 模型和黏弹性人工边界模型，如图 5.10 和图 5.11 所示。

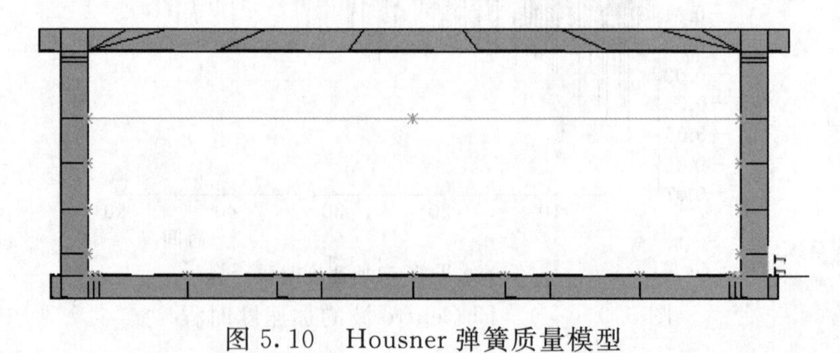

图 5.10　Housner 弹簧质量模型

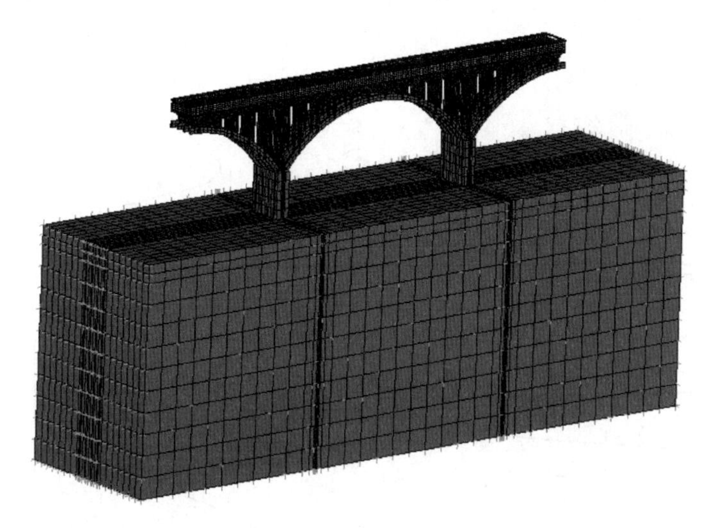

图 5.11 黏弹性人工边界模型

5.2.3 位移响应分析

将选取的 El - Centro 波通过编制 APDL 命令流施加于 4 种模型进行线弹性地震响应分析，继续沿用图 5.1 中所示的控制点，限于篇幅，仅展示控制点 A 不同工况下位移时程对此曲线（见图 5.12）。

由图 5.12 和表 5.3 可知：①黏弹性人工边界地基得到的位移响应相较无质量地基结果均减小，这是由于黏弹性边界考虑了无限远域地基的辐射阻尼效应，吸收了部分地震动的能量，使得渡槽位移响应减弱；②FSI 模型得到的地震位移响应结果相较于 Housner 模型均降低，原因在于 Housner 模型虽然考虑了水体的脉冲压力和对流压力，但忽略了水体可压缩性对槽体的影响；③在地震响应中黏弹性边界模型产生的位移响应较无质量地基模型均滞后一个固定时刻，原因是黏弹性边界模型中的地震波是由地底向上入射，到达地表需要一定的时间。

5.2.4 应力响应分析

FSI 模型和 Housner 模型中各控制点的第一、第三主应力值见

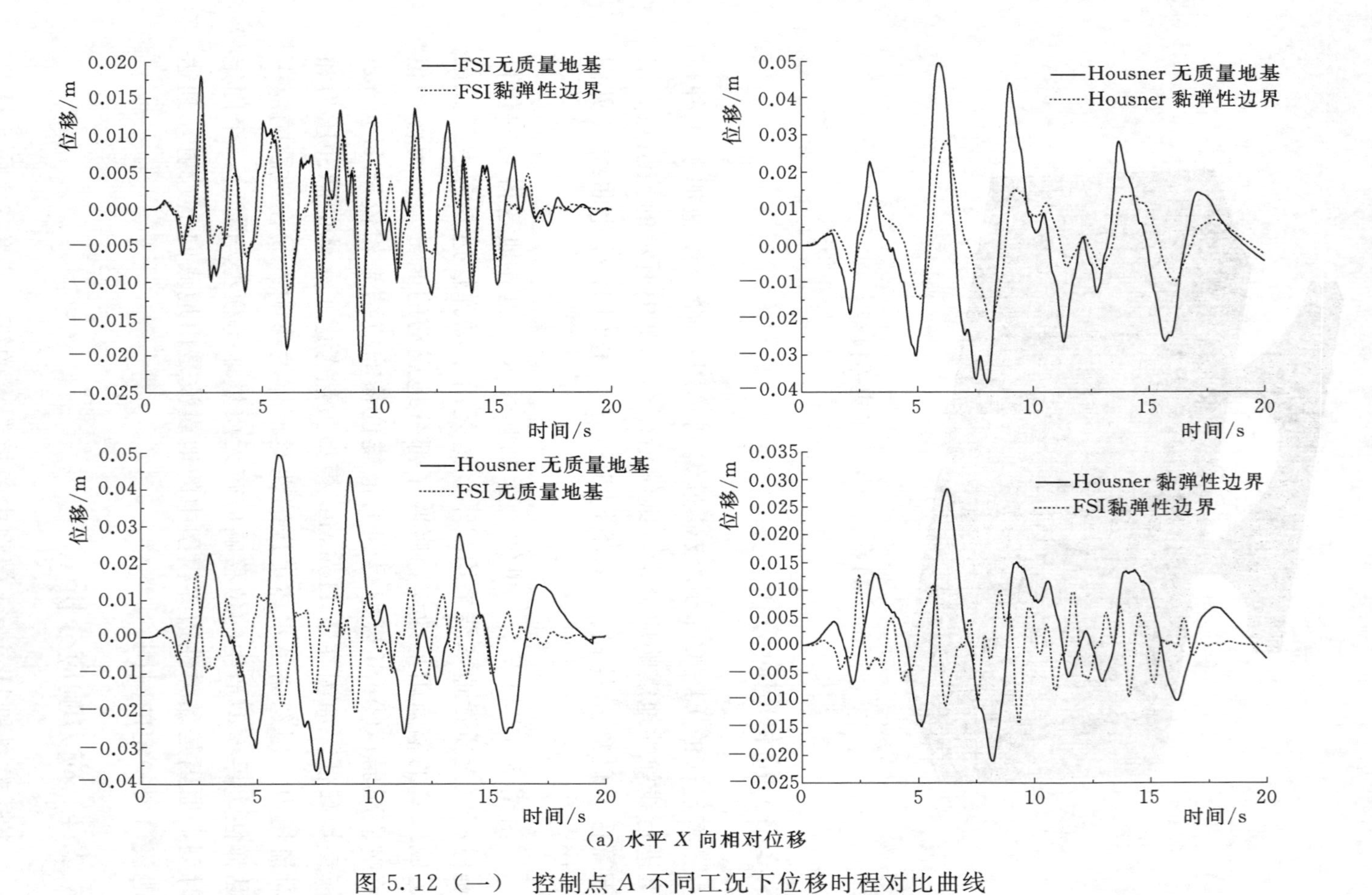

(a) 水平 X 向相对位移

图 5.12（一）　控制点 A 不同工况下位移时程对比曲线

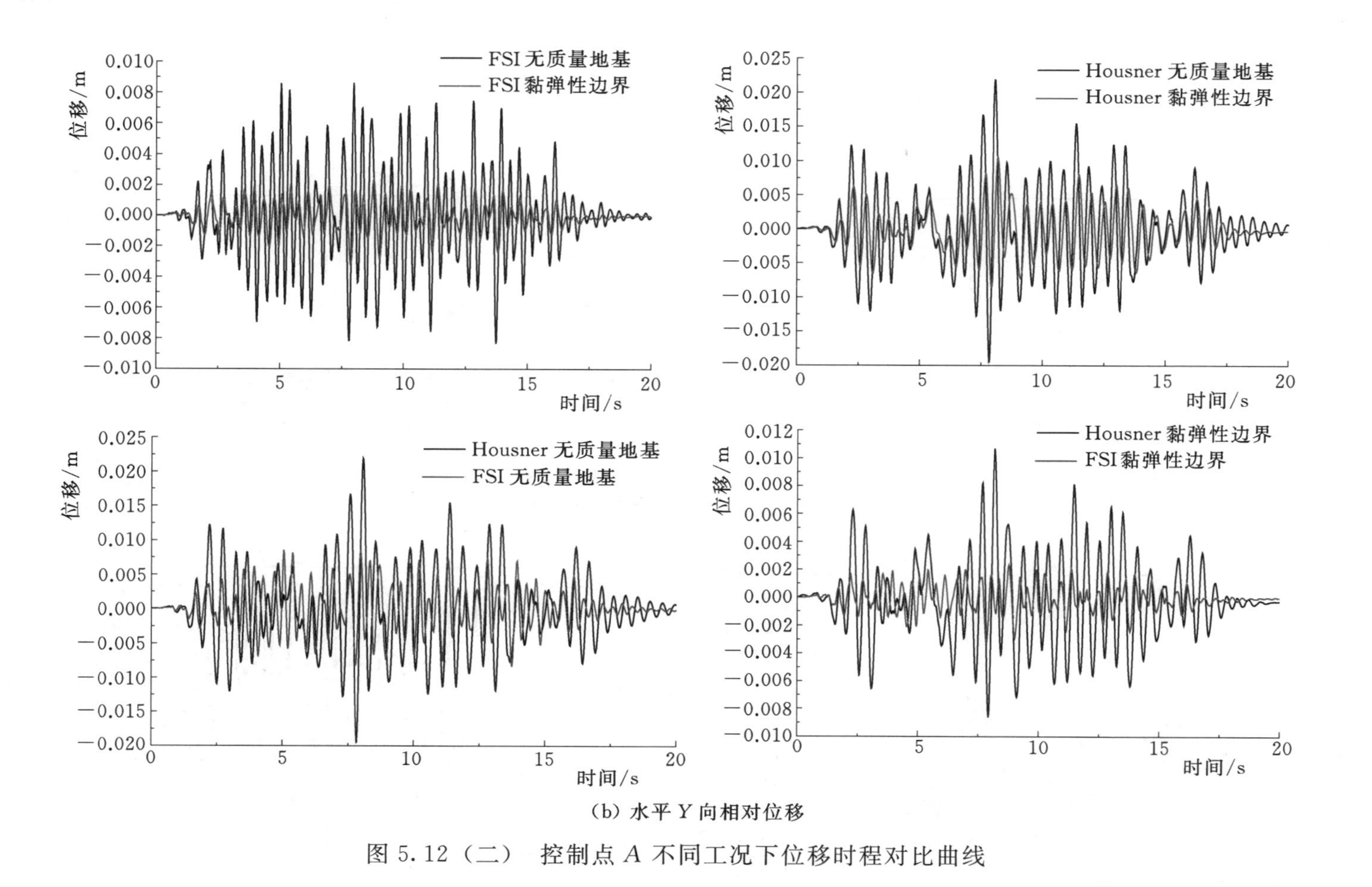

(b) 水平 Y 向相对位移

图 5.12（二） 控制点 A 不同工况下位移时程对比曲线

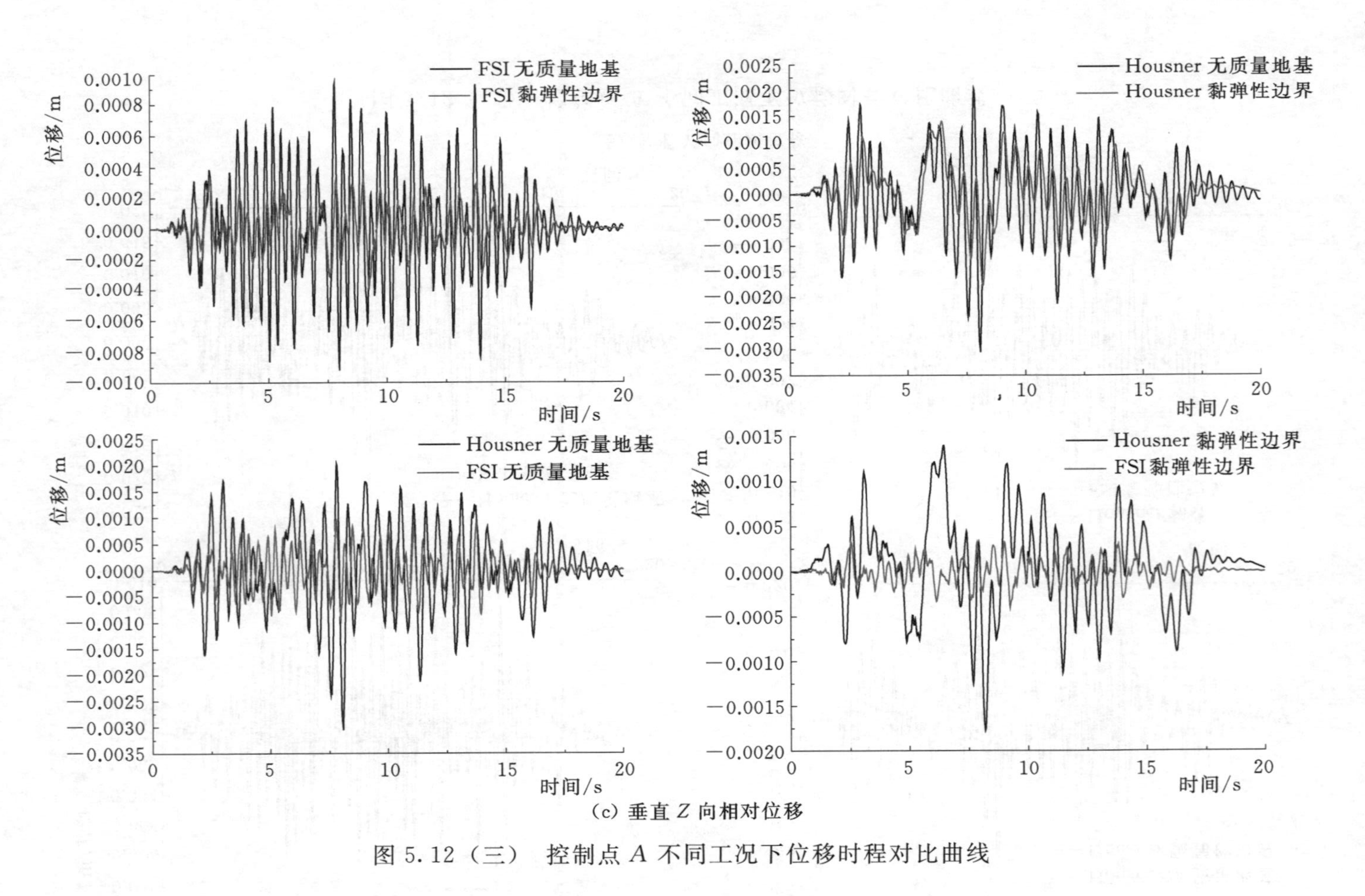

(c) 垂直 Z 向相对位移

图 5.12（三）　控制点 A 不同工况下位移时程对比曲线

表 5.3 不同模型控制点 A 位移最大值 单位：m

模型	地震响应	正向最大值		负向最大值	
		FSI 模型	Housner 模型	FSI 模型	Housner 模型
无质量地基模型	水平 X 向	0.01795	0.04955	−0.02084	−0.03765
	水平 Y 向	0.00861	0.02092	−0.00834	−0.01948
	竖直 Z 向	0.00094	0.00203	−0.00092	−0.00286
黏弹性边界模型	水平 X 向	0.01289	0.02830	−0.01429	−0.02115
	水平 Y 向	0.00335	0.01070	−0.00330	−0.00861
	竖直 Z 向	0.00043	0.00140	−0.00059	−0.00178

表 5.4 和表 5.5，限于篇幅本书仅展示控制点 F 的应力对比图如图 5.13 和图 5.14 所示。

表 5.4 FSI 模型各控制点应力最值 单位：MPa

模型	控制点	A	B	C	D	E	F
黏弹性边界	第一主应力	0.012	0.186	0.274	0.383	0.811	1.078
	第三主应力	−0.012	−0.249	−0.303	−0.464	−0.907	−1.053
无质量地基	第一主应力	0.027	0.533	0.361	1.198	2.685	3.060
	第三主应力	−0.034	−0.582	−0.411	−1.046	−2.534	−2.875

表 5.5 Housner 模型各控制点应力最值 单位：MPa

模型	控制点	A	B	C	D	E	F
黏弹性边界	第一主应力	0.032	0.556	0.822	0.968	1.856	1.948
	第三主应力	−0.035	−0.625	−0.816	−1.034	−1.955	−2.158
无质量地基	第一主应力	0.074	1.047	1.212	1.858	2.802	3.008
	第三主应力	−0.068	−1.154	−1.359	−1.905	−2.951	−3.328

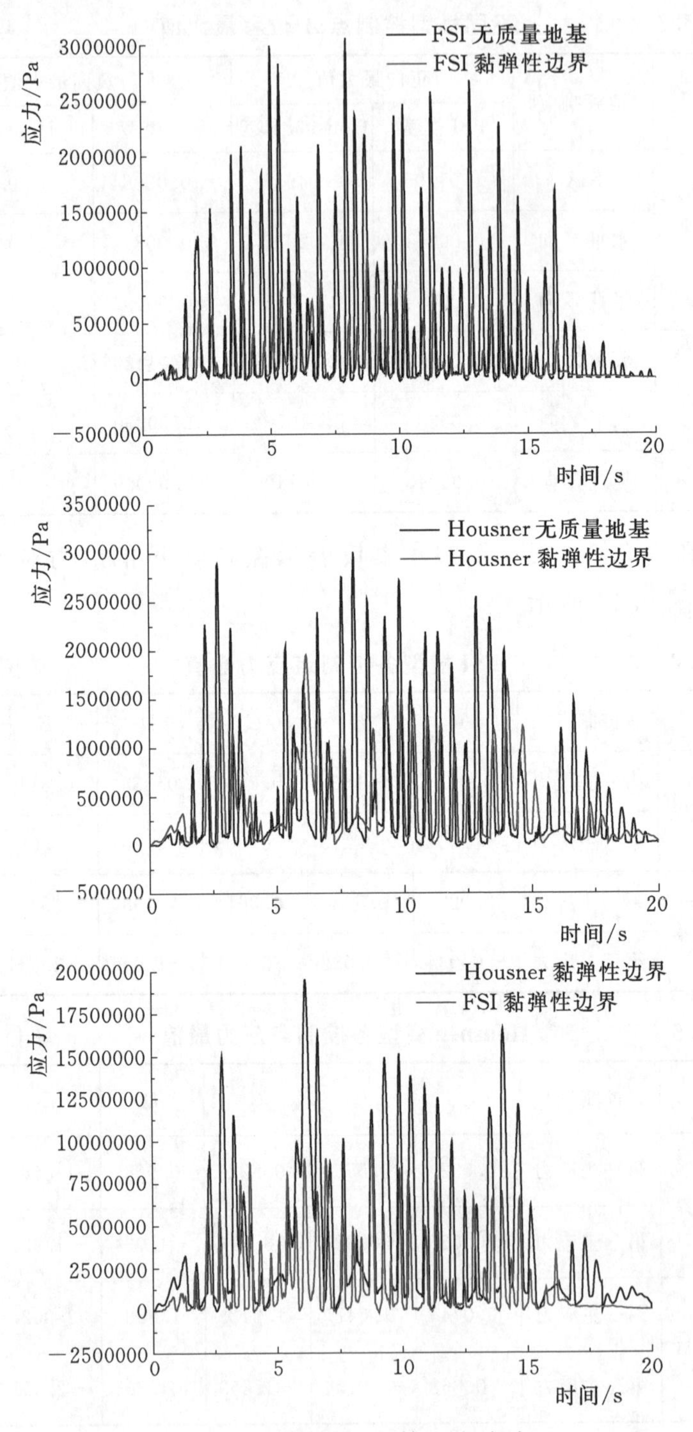

图 5.13　控制点 F 第一主应力

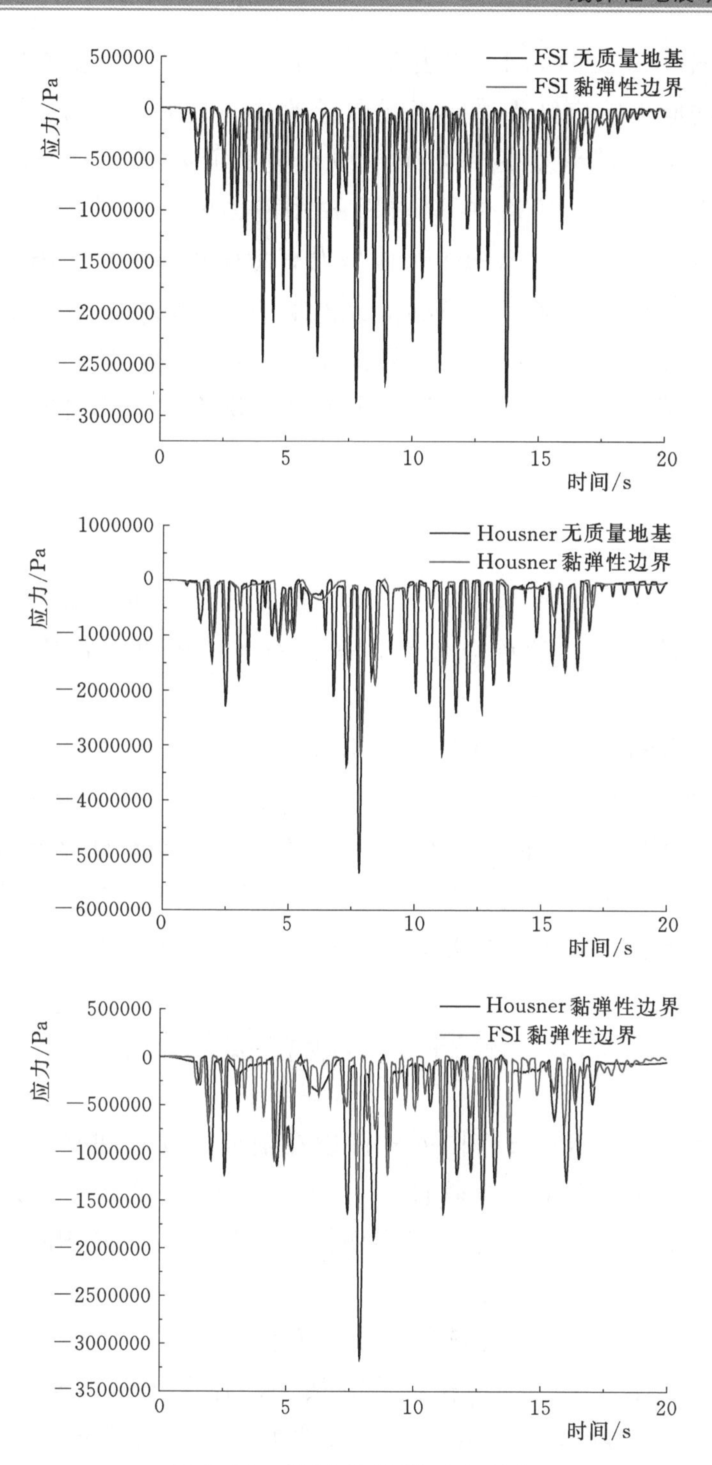

图 5.14 控制点 F 第三主应力

由图5.13、图5.14和表5.4、表5.5可知：①黏弹性边界地基得到的应力响应结果均小于无质量地基的结果，原因在于黏弹性边界考虑了远域地基的辐射阻尼效应，从而降低了渡槽的动力响应；②在相同的地基条件下，FSI模型应力响应结果相较Housner模型均较小，原因是Housner模型没有考虑水体的可压缩性；③渡槽的排架与地基接触位置出现了应力集中，因此在两者相接的位置接触面积急剧变化，该位置容易发生损伤，应进行加固处理；④四种渡槽模型控制点的应力极值自上而下依次增大，符合渡槽结构的一般特性。

5.2.5 小结

针对渡槽结构地震动响应问题，以长岗坡渡槽为研究对象，考虑水体-结构-地基的耦合作用，通过对渡槽模型的地震动响应分析，结论如下：

对比分析控制点位移及应力响应可知，Housner模型虽然考虑了水体的脉冲压力和对流压力，但忽略了水体可压缩性对槽体的影响；FSI理论假设水体是无黏的，同时考虑了水体的可压缩性，更能反映实际。黏弹性边界模型考虑了无限域地基的辐射阻尼效应，可以吸收部分地震波的能量，对结构的安全运行有利。

5.3 强震下非线性损伤分析

本节中将ANSYS有限元软件中在前处理模块建立的渡槽附加质量模型导入ABAQUS软件中，采用ABAQUS软件后处理模块中的瞬态分析进行混凝土材料损伤模拟。导入后的渡槽附加质量模型如图5.15所示。

在ABAQUS有限元软件对渡槽有限元模型进行参数设定、材料复核。本节中采用的渡槽有限元模型水体采用附加质量法施加，地基采用无质量地基模拟，边界条件为前后左右四面采用法向约束、底面为全约束。由于该渡槽所处地区的地震设防烈度为Ⅵ度，

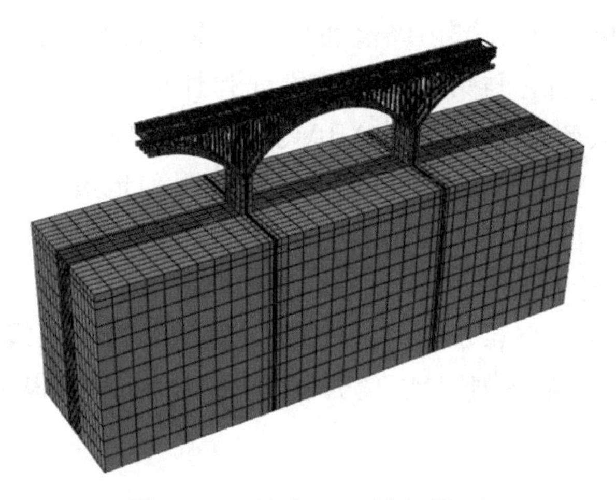

图 5.15 ABAQUS 渡槽模型

设计基本地震加速度为 0.05g，为了更好地模拟出渡槽结构的损伤状况，分别对渡槽模型在输入 0.05g、0.1g 和 0.2g 三个峰值加速度工况下的地震数据进行损伤分析，设计总时长为 20s。

5.3.1 位移结果分析

将三组地震波分别施加于渡槽有限元模型进行损伤分析，得出控制点的位移响应分析，限于篇幅，仅给出控制点 A 的位移响应结果。

从图 5.16 中可以看出：①由于在 ABAQUS 软件导入的是附加

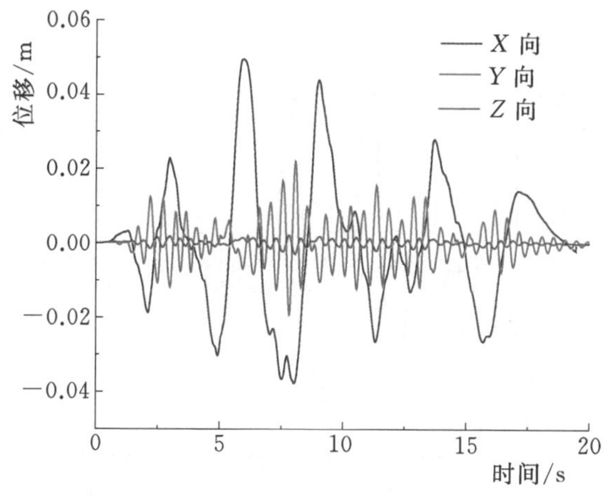

图 5.16 0.05g 峰值加速度的位移曲线

质量模型，因此在0.05g峰值加速度工况下的控制点A位移最大值在0.05m左右，与第4章的渡槽线弹性地震响应分析结果相差无几，可以从侧面再次印证ABAQUS软件中渡槽模型的准确性，也说明了ABAQUS软件可以用来分析在强烈地震作用下的渡槽结构损伤。②从图5.16～图5.18中可以得到控制点A的位移最大值在0.05g工况下为0.05m左右，在0.1g工况下为0.10m左右，在0.02g工况下为0.17左右，说明了渡槽结构在地震作用下的位移变化曲线值跟随地震峰值加速度的大小响应提高。③从图5.16～图5.18

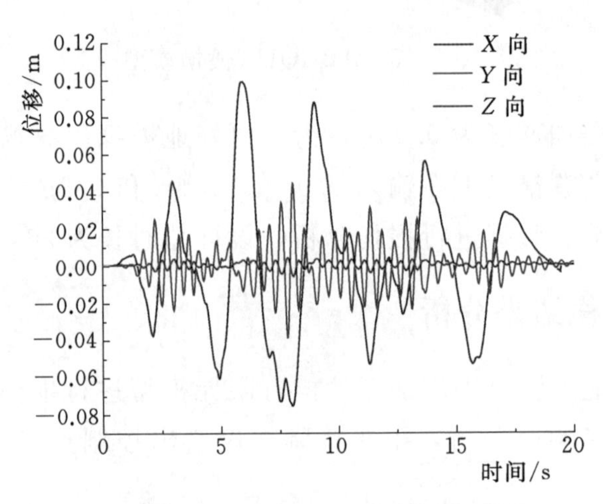

图5.17　0.1g峰值加速度的位移曲线

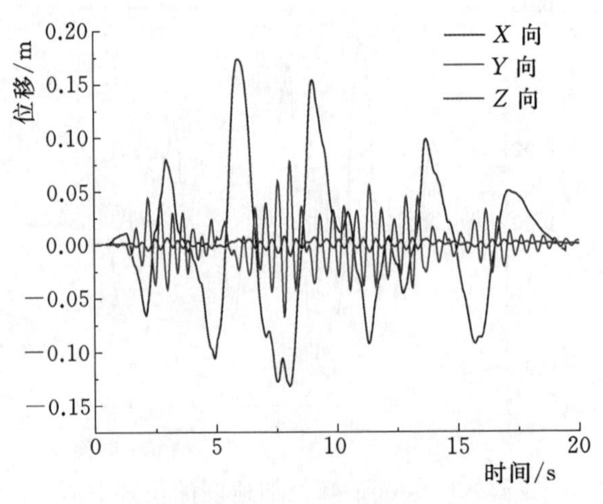

图5.18　0.2g峰值加速度的位移曲线

中可以明显地看出，渡槽在地震作用下的 Z 向位移响应相较于其他两个方向的结果小，这是由于渡槽结构在地震作用下主要受到横向地震作用的影响。

5.3.2 应力结构分析

本书研究的渡槽为肋拱式渡槽，应力结构主要表现在肋拱结构部分，因此本书主要展示该部分的应力云图。

1. 工况一：0.05g 峰值加速度应力响应（见图 5.19）

(a) 第一主应力分布图

(b) 第三主应力分布图

图 5.19　工况一应力分布图

2. 工况二：0.1g 峰值加速度应力响应（见图 5.20）

(a) 第一主应力分布图

图 5.20（一）　工况二应力分布图

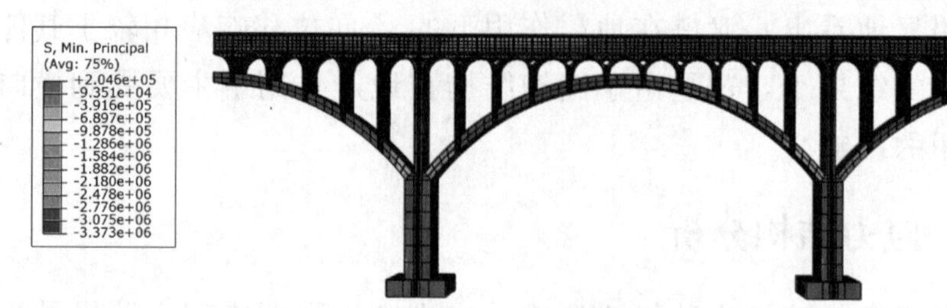

(b) 第三主应力分布图

图 5.20（二）　工况二应力分布图

3. 工况三：0.2g 峰值加速度应力响应（见图 5.21）

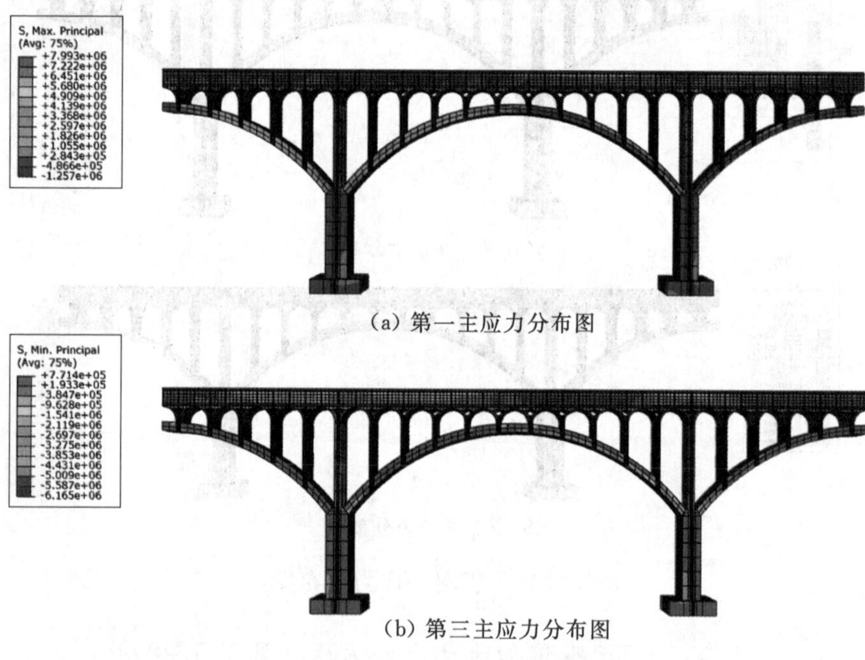

(a) 第一主应力分布图

(b) 第三主应力分布图

图 5.21　工况三应力分布图

由图 5.19～图 5.21 可以分析得出以下结论：渡槽结构在峰值加速度为 0.05g、0.1g 和 0.2g 时的应力均集中在肋拱和支墩接触部位，符合肋拱渡槽的基本规律；渡槽结构的第一、第三主应力响应结果随着峰值加速度的增大而增大，且应力数值上超过我国小震不坏的设计要求，应对该薄弱位置予以重视，在类似肋拱式渡槽结构设计、建设中进行加固处理。

5.3.3 损伤结果分析

1. 工况一：0.05g 峰值加速度

渡槽结构无质量地基模型在设计地震荷载 0.05g 工况下结构未发生拉伸和压缩损伤现象（见图 5.22）。

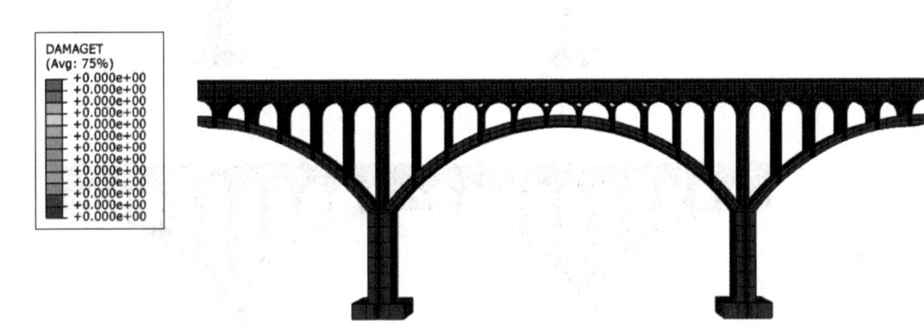

(a) 渡槽结构拉损伤图

(b) 渡槽结构压损伤图

图 5.22 工况一渡槽损伤分布图

2. 工况二：0.1g 峰值加速度

渡槽结构无质量地基模型在峰值加速度为 0.1g 时拉伸损伤值为 0.112，压缩损伤值为 0.185，损伤部位位于肋拱和支墩接触部位，符合肋拱式结构自身的特点（见图 5.23）。

3. 工况三：0.2g 峰值加速度

渡槽结构无质量地基模型在峰值加速度为 0.2g 结构拉伸损伤接近 0.246，压缩损伤为 0.667，损伤部位位于肋拱和支墩接触部位，符合肋拱式结构自身的特点（见图 5.24）。

由图 5.22～图 5.24 可以得出以下结论：①渡槽结构无质量地基模型在输入峰值加速度为 0.05g 的地震加速度时，在该工况下渡

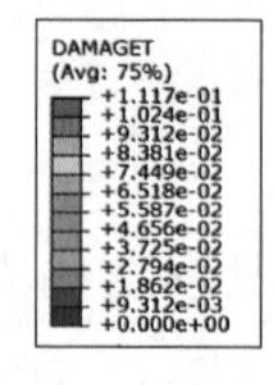

(a) 渡槽结构拉损伤图

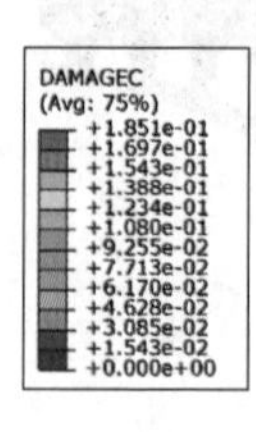

(b) 渡槽结构压损伤图

图 5.23　工况二渡槽损伤分布图

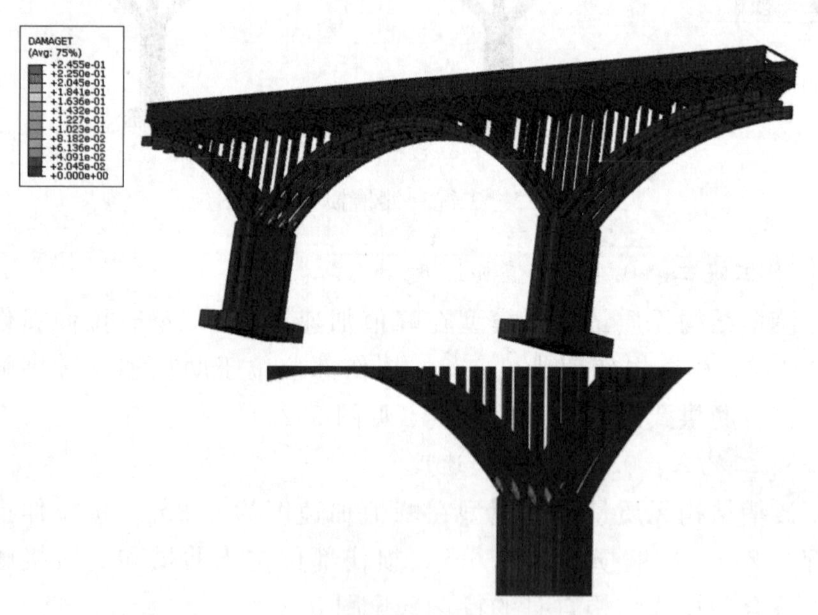

(a) 渡槽结构拉损伤图（含局部放大）

图 5.24（一）　工况三渡槽损伤分布图

(b) 渡槽结构压损伤图（含局部放大）

图 5.24（二） 工况三渡槽损伤分布图

槽结构的损伤值为 0，结构未发生拉伸和压缩损伤，结构进行的是线弹性地震响应分析；②对比图 5.22 和图 5.24 可以知道，渡槽结构在 0.1g 和 0.2g 峰值加速度工况下，结构发生了拉伸和压缩损伤现象，损伤部分为肋拱和支墩接触部位，两者的损伤响应规律一致，只是在损伤数值上存在差异但也遵循了损伤值随着峰值加速度的增大而增大的规律。

5.3.4 小结

首先将在 ANSYS 中已经建好的渡槽模型导出可供 ABAQUS 软件识别的 .cdb 文件；其次，对导入 ABAQUS 软件的渡槽模型进行参数设置，采用混凝土塑性损伤本构（Concrete Damage Plastic，CDP）模拟槽体和排架部位的混凝土，动水压力以附加质量考虑，地基采用无质量地基；最后，施加重力和静水压力等初始应力，分别研究不同峰值加速度下的渡槽损伤过程，得出如下结论：

(1) 渡槽结构在峰值加速度为 0.05g、0.1g 和 0.2g 时的应力均集中在肋拱和支墩接触部位，符合肋拱渡槽的基本规律；渡槽结构的第一、第三主应力响应结果随着峰值加速度的增大而增大，且应力数值上超过我国小震不坏的设计要求，应对该薄弱位置予以重视，在类似肋拱式渡槽结构设计、建设中进行加固处理。

（2）渡槽结构无质量地基模型在输入峰值加速度为0.05g的地震加速度时，在该工况下渡槽结构的损伤值为0，结构未发生拉伸和压缩损伤，结构进行的是线弹性地震响应分析。

（3）渡槽结构在0.1g和0.2g峰值加速度工况下，结构发生了拉伸和压缩损伤现象，损伤部分为肋拱和支墩接触部位，两者的损伤响应规律一致，只是在损伤数值上存在差异但也遵循了损伤值随着峰值加速度的增大而增大的规律。

5.4 本　章　小　结

本章为研究渡槽结构损伤破坏规律，在基准有限元模型的基础上，分别进行了风振响应分析、线弹性地震动分析、强震下非线性损伤分析研究，分析了渡槽变位特征、破坏过程、破坏形态等问题，并得出以下结论。

（1）风振响应分析只考虑垂直于槽身的风荷载，对有限元模型进行脉动风压下的动力时程求解，对渡槽结构风振响应进行分析得出如下结论：①各控制点的位移响应随着渡槽高度不断增大，这种现象符合正常规律。控制点A、B、C、D、E和F的位移最大值分别为7.58mm、7.49mm、7.41mm、1.78mm、0.14mm和0.01mm；②在渡槽支墩以上的部位第一主应力由上到下呈现增大的趋势，此现象符合一般规律；在小腹拱和肋柱的接触部位应力发生突变，是由于这些部位接触截面急剧变化产生应力集中现象。除了肋柱顶部由于接触面积发生突变导致主应力较大外，其余支墩上部结构控制点符合自上到下依次递增的规律。

（2）考虑水体-结构-地基的耦合作用，通过对渡槽模型的地震动响应分析，得出以下结论：

对比分析控制点位移及应力响应可知，Housner模型虽然考虑了水体的脉冲压力和对流压力，但忽略了水体可压缩性对槽体的影

响；FSI理论假设水体是无黏性的，同时考虑了水体的可压缩性，更能反映实际。黏弹性边界模型考虑了无限域地基的辐射阻尼效应，可以吸收部分地震波的能量，对结构的安全运行有利。

（3）渡槽结构在0.1g和0.2g峰值加速度工况下，结构发生了拉伸和压缩损伤现象，损伤部分为肋拱和支墩接触部位，两者的损伤响应规律一致，只是在损伤数值上存在差异，但也遵循了损伤值随着峰值加速度的增大而增大的规律。

第6章　渡槽结构易损性分析

渡槽是重要的枢纽工程，在国民经济中有着举足轻重的作用，一旦发生破坏，会给人们的正常生活带来重大影响。目前我国不少渡槽已出现抗震能力不足的现象，对渡槽的抗震性能分析就显得十分必要。以易损性曲线为代表的结构地震易损性分析，能够预测结构在不同损伤等级下发生失效的概率大小，揭示结构破坏概率与地震动强度参数的关系，可以为结构安全评价和地震损失评估提供依据，因此对渡槽结构开展易损性分析是十分必要的。

6.1　概　　述

目前我国的抗震规范思想立足于预防建筑物发生倒塌破坏，即《水工建筑物抗震设计规范》(GB 51247—2018) 中的“小震不坏，中震可修，大震不倒”原则，而不是预防结构发生损伤，现在人们逐渐意识到不断增加结构强度并不能完全有效提高结构的抗震安全性能。在地震作用下，在结构发生倒塌前会出现不同程度损伤变形现象，影响结构功能的发挥。依照目前的设计规范，如何将损伤状态控制在人们可以接受的水平，尤其是与公共生命相关的建筑物（如水电站、核电站、桥梁、隧洞），更需得到重视研究。

地震易损性主要是预测结构在不同地震强度的作用下，预测结构达到所定义损伤程度的概率大小。易损性曲线则是地震危害性的图形化描述，不仅可以预测结构发生的失效概率和经济损失，还可以为灾后重建提供理论依据。近年来，易损性方法作为评估自然灾害带来的结构损伤统计方法逐步得到国内外学者的高度重视和关注。

广义来讲，地震易损性是建立地震动参数与其所对应的结构失效概率之间的二者关系，也可称作灾害预测。可以对复杂结构中的单个基本构件（如橡胶支座、桥墩）、某一结构整体（如桥梁、钢筋混凝土框架结构），也可以对某一地区（如交通网络、城市建筑群）进行易损性分析。易损性研究最先是由美国于20世纪70年代研究核电站抗震分析时提出，经过几十年的研究发展，地震易损性分析方法在桥梁工程、框架结构工程得到了广泛应用，用于推断在地震作用下结构发生失效概率的大小。

渡槽作为重要的输水建筑物，一旦发生破坏性较大的地震，会使得整条输水线路处于瘫痪状态，无法发挥供水功能，影响人民群众正常生活，且修复难度高，只有不断提高渡槽的可靠度，才能降低损失，迫切需要对渡槽结构进行地震易损性分析。

与桥梁结构相比较，国内对渡槽抗震性能的研究相对较少，还未曾将地震易损性方面研究成果应用到渡槽结构中。因此，本书尝试将在桥梁方面成熟的易损性研究应用在渡槽结构中，为提高渡槽结构的抗震性能提供依据。

6.2 易损性分析理论与方法

目前地震易损性分析理论方法很多，须根据不同的分析对象和条件选择合适的分析方法。基于数值模拟的理论易损性分析得到逐步认可，本书对渡槽地震易损性主要基于理论易损性分析方法。理论地震易损性分析方法又可以进一步分为极大或然估计法、传统可靠度法以及全概率法。对于构件的易损性分析，传统可靠度法拥有更多的优点，所以本书采取传统可靠度分析。

6.2.1 构件易损性曲线

渡槽可以看作是由排架以及橡胶支座等多个基本构件所做成的复杂整体，基本构件的易损性是求解渡槽整体易损性的基础。传统可靠度法的构件易损性可以用构件的地震需求超过构件的结构延性

能力的概率来表示，即

$$P_f=P\left[\frac{S_d}{S_c}\geqslant 1\right] \tag{6.1}$$

式中：P_f为构件超过某一极限状态时的概率；S_c 为结构延性的能力；S_d 为结构的地震需求。

可以将上式表达为对数正态分布，这是因为在一定地震作用下，损伤统计得到的易损性曲线服从对数正态分布。当结构延性能力和地震需求服从对数正态分布时，由中心极限定理可知，在某一极限状态下，达到或超过某一状态时的概率也服从对数正态分布，故理论易损性曲线也是满足对数正态分布规律的。即构件的失效概率可以表示为

$$P_f=\Phi\left[\frac{-\ln(S_c/S_d)}{\sqrt{\beta_c^2+\beta_d^2}}\right] \tag{6.2}$$

式中：$\Phi[\cdot]$ 是标准正态分布；β_c 为结构延性能力对数标准差；β_d 为结构地震需求对数标准差。

传统可靠度法又可进一步分为损伤超越统计法和直接回归拟合法。

损伤超越统计法是一种基于数值模拟的计算方法。将通过有限元软件计算所得的结构在不同强度地震动作用下的响应数据与所定义的损伤临界值比较，判断其所处损失状态，统计得到每个损失等级下发生的频数，即可得到超越概率，重复操作，得到离散点。假设这些离散点服从累计正态分布，采用最小二乘法来进行非线性回归计算，得到正态分布的均值和标准差，最后用最小二乘法对曲线进行拟合，得到结构地震易损性曲线，分析流程如图 6.1 所示。

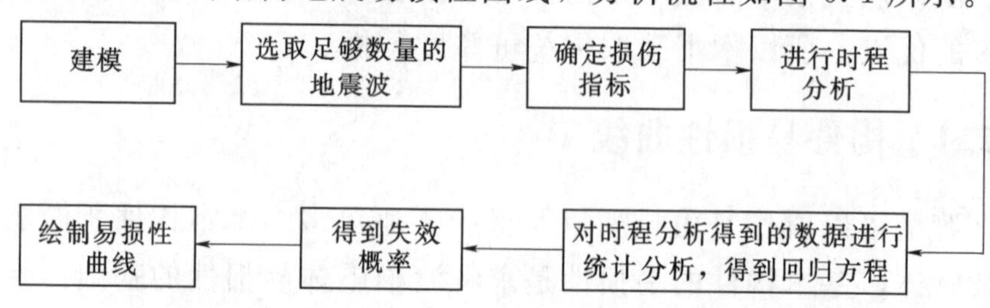

图 6.1 损伤超越统计法分析流程

直接回归拟合法，也就是基本可靠度法。该方法的主要思路是，假设构件结构的地震需求和结构延性能力服从对数正态分布，其中结构的延性能力 S_c 以及地震需求 S_d 分别可表示为

$$\begin{cases} S_c \sim \ln(\widetilde{S}_c, \beta_c) \\ S_d \sim \ln(\widetilde{S}_d, \beta_d) \end{cases} \tag{6.3}$$

式中：$\widetilde{S}_c$、β_c 分别为构件抗震能力的均值和对数标准差；$\widetilde{S}_d$、β_d 分别为构件地震需求均值和对数标准差。

由概率地震需求分析可知，构件地震需求 S_d 与地震动参数 IM 服从指数关系

$$S_d = a\ (IM)^b \tag{6.4}$$

将式（2.4）转换为对数空间，得

$$\ln S_d = b\ln IM + \ln a \tag{6.5}$$

将式（2.5）代入式（2.2），得构件的失效概率：

$$P_f = \Phi\left[\frac{b\ln IM + \ln a - \ln\widetilde{S}_c}{\sqrt{\beta_c^2 + \beta_d^2}}\right] \tag{6.6}$$

直接回归拟合法分析流程如图 6.2 所示。

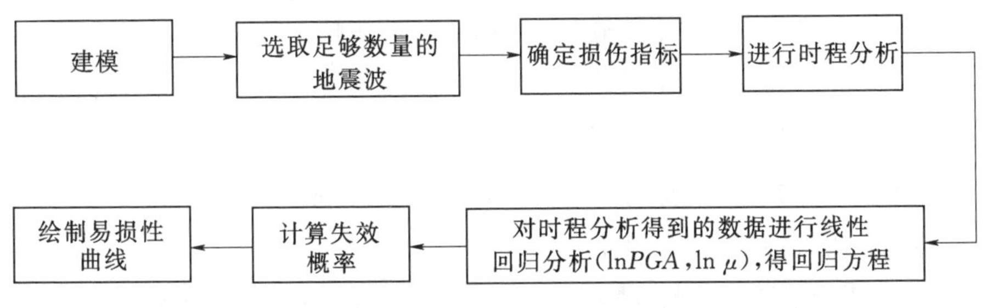

图 6.2　直接回归拟合法分析流程

由上述可知，损伤超越统计法和直接回归拟合法二者差别主要体现在计算结果提取后，损伤超越统计法是先求概率密度函数，进而建立样本点形成的地震易损性曲线。直接回归拟合法则直接建立破坏概率样本点，假设其服从累计正态分布，拟合地震易损性曲线。相比较而言，第二种方法，也就是直接回归概率需求模型方法所需地震波数量较少，分析过程容易，故本书渡槽地震易损性分析

采用第二种方法。由于ANSYS有限元软件可以指定输入相关参数，不必要的参数可以不输出，运算效率高，对地震易损性这种有大量计算量的分析有先天优势，本书采用ANSYS分析软件进行时程分析。

得到结构构件的地震易损性曲线后，对于给定的地震动大小便可求得其对应的失效概率，进而可以讨论建立结构的系统易损性曲线。

6.2.2 渡槽理论易损性曲线分析步骤

参考桥梁理论易损性分析，本书选择直接回归拟合法（即基本可靠度方法）来绘制渡槽易损性曲线，基本步骤如下：

（1）结合工程实际，建立渡槽有限元模型，同时通过拉丁超立方抽样法考虑结构材料参数的不确定性。

（2）从地震波数据库选取或人工生成一定数量的地震波，并考虑地震波的随机性。

（3）将通过拉丁超立方抽样得到的渡槽样模型和地震波随机组合，得到多个样本数据。

（4）对样本进行时程分析，获取地震响应结果。

（5）将时程分析得到的响应数据结果与地震动参数进行线性回归分析，得到回归方程，建立概率函数。

（6）根据损伤程度的不同，划分构件的损伤等级，确定损伤指标，并计算对应的损伤界限值。

（7）以地震动参数*IM*为横坐标，失效概率为纵坐标，拟合曲线，得到渡槽构件某一损伤等级下在某一方向上的易损性曲线。

（8）根据渡槽橡胶支座和排架两个构件在横向与纵向的失效概率，将两个方向地震作用效应进行耦合，可以得到橡胶支座和排架的失效概率，即

$$P_1=P_{X1}+P_{Y1}-P_{X1}\times P_{Y1}$$
$$P_2=P_{X2}+P_{Y2}-P_{X2}\times P_{Y2} \tag{6.7}$$

式中：P_1、P_2分别为橡胶支座和排架的失效概率；P_{X1}、P_{X2}分别

为橡胶支座和排架的纵向失效概率；P_{Y1}、P_{Y2}分别为橡胶支座和排架的横向失效概率。

将式（2.6）得到的结果代入式（2.7），可得排架、橡胶支座的地震易损性曲线。

（9）基于单个构件的易损性曲线，推算整个渡槽系统的失效概率，绘制整个渡槽系统的易损性曲线，评估渡槽结构的抗震性能。

具体流程如图6.3所示：

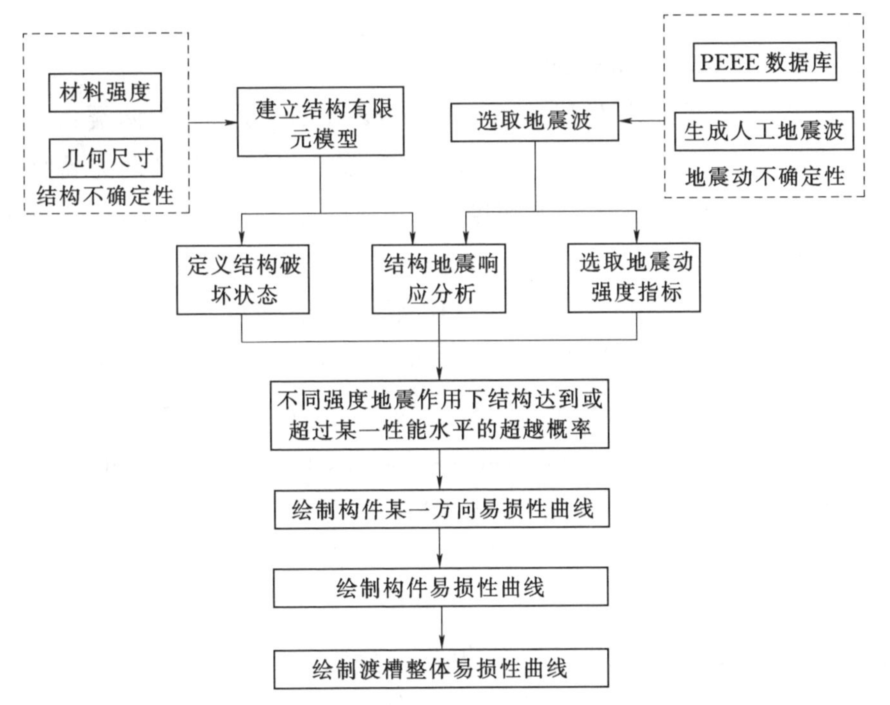

图6.3　渡槽易损性曲线绘制流程图

6.3　渡槽模型地震动样本选取

6.3.1　地震波选取

6.3.1.1　地震波选取原则

地震动发生具有不可预测性，输入地震波数量太少，无法保证计算合理性，输入地震波数量过多，会导致工作量过于庞大。为保证地震分析成果与实际相符合，需要选取合适数量的地震波记录。地震波可以通过选取天然地震波记录和人工生成地震波来获取，在缺乏合适的天然地震波选取时，可以采用人工地震波。但人工地震波往往无法准确考虑反应谱特性，也不能体现地震动的随机性。随着地震台网的覆盖，目前地震库所拥有的数据记录已相当丰富，如同济大学振动与强震观测室及美国太平洋地震工程中心强震数据库。

6.3.1.2 地震动强度选取

地震动强度参数 IM（intensity measure）可以分为两类：结构相关参数和结构独立参数。结构独立参数是与结构自身动力特性无关的参数，主要包括峰值加速度 PGA（peak ground acceleration）、震动速度峰值 PGV（peak ground velocity）、位移峰值 PGD（peak ground displacement）、震中、震中距、特征强度、频率比等。结构相关参数是指与地震动特性和结构本身都相关的参数，主要包括谱加速度 S_a（spectral acceleration）、谱速度 S_v（spectral velocity）、谱位移 S_d（spectral displacement）。选择合适的地震动强度参数对于进行地震动易损性分析至关重要，根据其他学者研究成果，常用 PGA 和 S_a 作为结构地震易损性分析的地震动强度参数，谱加速度 S_a 离散性较小，在美国地震研究领域应用广泛，但工程结构的参数往往难以充分获取，会给计算过程带来一定的难题，峰值加速度 PGA 容易获取，但其离散性较谱加速度 S_a 更大，且与所研究结构自身特性无关。

6.3.2 不确定性影响

渡槽在实际设计、施工、运行中，会受到许多不确定性因素干扰，在渡槽易损性分析中，应尽可能考虑不确定性因素的影响。不确定性因素可以分为两类：认知不确定性和偶然不确定性。认知不确定性是指限于人类所掌握的知识，与工程实际存在差距，如模型假定与实际不相符。随人类认知能力的提升，可逐步降低认知不确

定性因素的影响。偶然不确定性是指事件固有的特性无法预测，如地震发生时的震中距、震级强度。一般主要考虑渡槽模型结构相关参数的不确定性和地震波强度的不确定性对渡槽地震易损性分析的影响。

6.4 损伤指标选取

我国目前的抗震思想主要立足于预防结构的倒塌，而不是预防结构的损伤，按此思想设计的结构在地震作用下保证不倒塌时大多已经出现了较大的塑性变形和损伤。按目前的规范，设计人员如何能够将结构的损失控制在某个可以接受的水平上，将结构破坏的程度用指标量化，确定出不同损伤指标的限制水平，是后面结构地震易损性分析损伤分级的参考依据。目前基于性能的设计得到了广泛的认同，而结构损伤的指标是基于性能的设计研究主要工作。损失指标目前有许多种，如 Park - Ang 指标、能量需求指标、变形指标、裂缝指标以及位移延性比等。

参考目前桥梁易损性分析的研究结果，可以将结构的损伤状态分为：轻微破坏、中等破坏、严重破坏以及完全破坏四个层次。损伤指标是用来定量描述结构损伤的界限值，其计算过程与所研究构件的几何尺寸以及性能有关。需要注意的是，结构地震易损性分析所关注的损失状态更多是结构功能性失效，而非一般意义上关注的结构材料破坏，其计算依据一般基于统计分析。在桥梁易损性分析中，一般只考虑桥墩和橡胶支座两个构件的破坏，下面参考桥梁易损性分析成果对桥墩和橡胶支座的损伤状态进行介绍。

6.4.1 墩柱损伤状态

从结构组成来看，桥梁和渡槽的支墩都发挥着支撑上部结构的作用，影响结构整体的稳定性。用来量化桥墩的损伤指标有很多，如支墩墩顶位移、漂移比、截面曲率、裂缝开裂宽度、曲率延性比、位移延性比等。

支墩偏移比是指地震作用期间支墩顶端的最大位移与支墩高度的比值，由Dutta等研究提出的，该比值反映了支墩的变形能力：

$$d=\frac{u_{\max}}{H} \tag{6.8}$$

式中：H 为支墩高度；$u_{\max}$ 为支墩顶端最大位移值。

部分支墩损伤定义值见表6.1。

表6.1　　部分支墩损伤定义

损伤状态		轻微破坏	中等破坏	严重破坏	完全破坏
损伤描述		混凝土发生轻微剥落，有微小裂缝产生	核心混凝土发生开裂，混凝土产生较大范围剥落	产生较大残余变形，形成较大裂缝	核心混凝土压碎，发生倒塌
损伤指标	漂移比	0.007	0.015	0.025	0.05
	支墩顶侧移角	0.007～0.015	0.015～0.025	0.025～0.050	>0.050
	位移延性比	1	1.2	1.76	3.0
	弯曲延性	1.58	3.33	6.24	9.16
	曲率延性比	1.3	2.6	4.3	8.3

Pan和Agrawa在对桥梁进行易损性分析时，选择界面曲率作为损伤指标，将钢筋首次屈服作为轻微破坏的界限，截面等效屈服作为中等破坏的界限，截面最大弯矩能力作为严重破坏的界限，混凝土达到极限应变作为完全破坏的界限。

Hwang采用位移延性比作为构件损伤指标，纵向钢筋首次屈服时的位移延性比为轻微破坏的界限，截面等效屈服时的位移延性比为中等破坏的界限，混凝土应变达到0.002时的位移延性比为严重破坏的界限，最大位移延性比为完全破坏的界限。

Neilson采用曲率延性比作为支墩的损伤指标，曲率延性系数定义为截面的极限曲率与屈服曲率之比。其损失界限基于Hwang

研究，可以通过下式进行转换：

$$\mu_k = 1 + \frac{\mu_d - 1}{3\frac{L_p}{L}\left(1 - 0.5\frac{L_p}{L}\right)} \tag{6.9}$$

$$L_p = 0.08L + 9d_b \tag{6.10}$$

式中：L 为支墩墩高；L_p 为等效塑性铰长度；d_b 为钢筋直径。

此外，还可将模型试验、桥梁无损检测、基于专家学者主观判断的现场调查作为桥墩损伤指标依据。

6.4.2 橡胶支座损伤状态

橡胶支座是连接支墩和上部的结构，虽不引人注意，却十分重要。地震作用下，支撑上部结构垂直作用并将荷载反力可靠地传递给桥墩，传递地震作用力，同时适应梁端转动。研究表明，橡胶支座在地震作用下，损伤较为普遍，地震时位移过大会导致桥梁上部脱离支座，发生落梁破坏，其失效概率远大于替他构件。支座形式多种多样，受力形式也不尽相同，但橡胶支座的损伤程度与其变形大小直接相关，一般将橡胶支座变形大小作为衡量橡胶支座损伤程度的指标，如位移，位移比、剪切应变等。常见的橡胶支座的损伤定义及其界限值见表 6.2。

表 6.2　部分橡胶支座损伤定义

类型	损伤指标	轻微破坏	中等破坏	严重破坏	完全破坏
橡胶支座	延性比	1	1.5	2	2.5
橡胶支座	剪切应变	100%	150%	200%	250%
橡胶支座	位移/mm	50	100	150	255
活动型钢支座	位移/mm	37	104	136	187

6.5　工　程　实　例

6.5.1　工程概况

景泰川电力提水灌溉工程（景电工程）是中国最大的高扬程工程，当地人民称之为“救命工程”。该工程位于甘肃省中部，河西走廊东端，距离甘肃省会兰州以北 180km。景电工程为大（2）型电力提灌水利工程。整个工程由景电一期工程、二期工程以及景电二期延伸工程三部分组成。

本节以二期工程总干渠 5 号渡槽中的一跨为研究对象，该渡槽为钢筋混凝土 U 形薄壁结构渡槽，两端采用盆式橡胶支座，渡槽一跨长度 12m，从基础底端到槽顶高度为 16.5m，槽内设计水深 3.05m，排架横截面的尺寸为 1.1m×1.4m。

渡槽槽身混凝土采用 C30，密度为 2484kg/m^3，弹性模量为 3.11×10^{4}MPa，泊松比为 0.167；渡槽排架及基础混凝土采用 C20，密度为 2425kg/m^3，弹性模量为 2.56×10^{4}MPa，泊松比为 0.167；钢筋密度为 7800kg/m^3，弹性模量为 20×10^{4}MPa；盆式橡胶支座的密度为 2500kg/m^3，弹性模量为 0.386×10^{4}MPa，泊松比为 0.35。

5 号渡槽结构尺寸如图 6.4 所示。

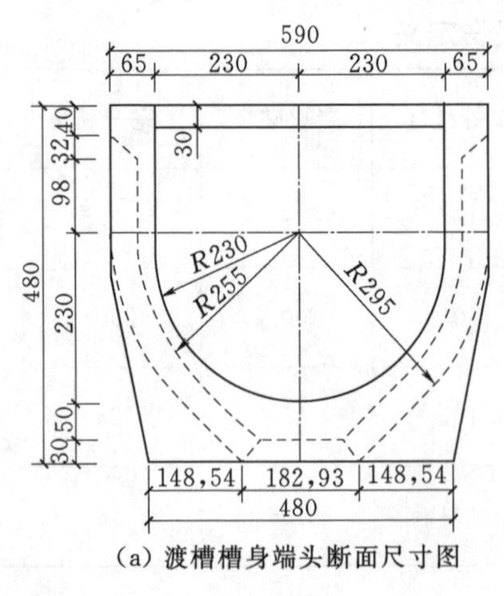

(a) 渡槽槽身端头断面尺寸图

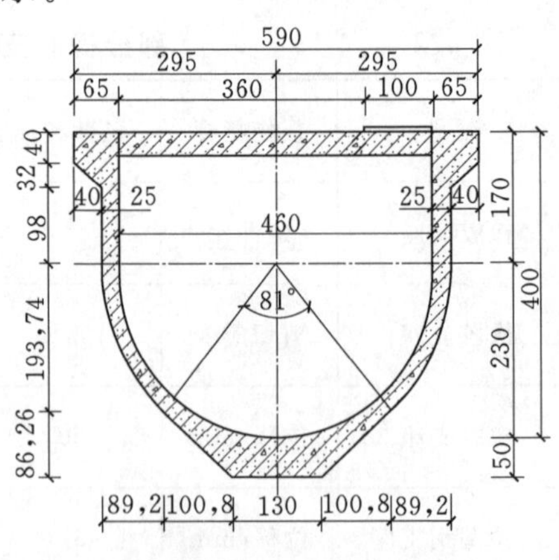

(b) 渡槽槽身跨中断面尺寸图

图 6.4（一）　5 号渡槽结构尺寸图

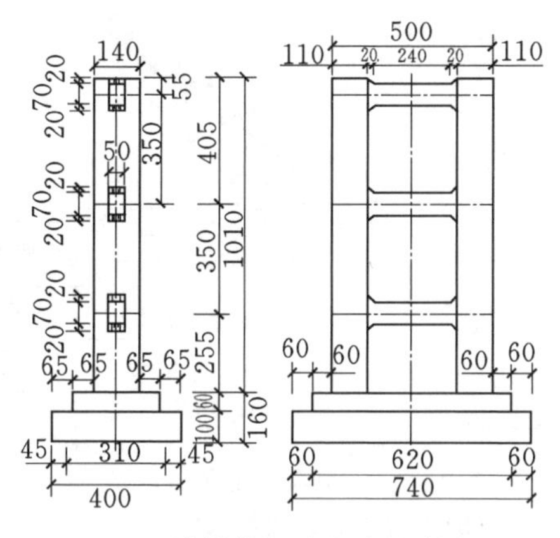

(c) 渡槽排架及基础尺寸图

图 6.4（二） 5 号渡槽结构尺寸图

6.5.2 地震需求参数计算

根据时程分析所得数据，采用最小二乘法对构件的地震动参数和地震需求进行线性回归分析，得到结构构件的地震需求之间的相关参数，如图 6.5、表 6.3 和表 6.4 所示。

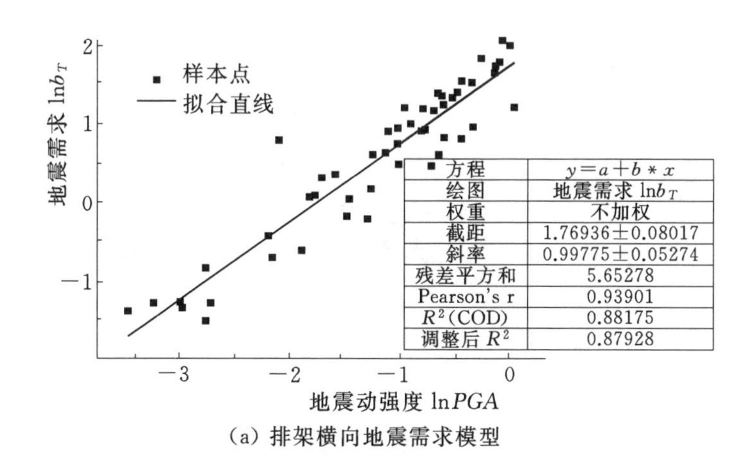

方程	$y=a+b*x$
绘图	地震需求 $\ln b_T$
权重	不加权
截距	1.76936±0.08017
斜率	0.99775±0.05274
残差平方和	5.65278
Pearson's r	0.93901
R^2(COD)	0.88175
调整后 R^2	0.87928

(a) 排架横向地震需求模型

图 6.5（一） 渡槽构件地震需求模型

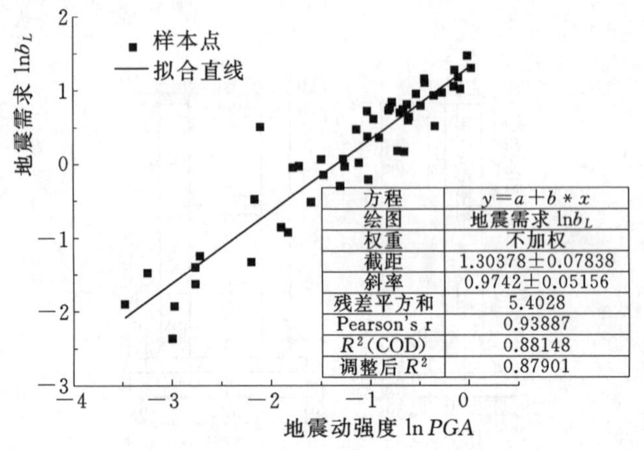

(b) 排架纵向地震需求模型

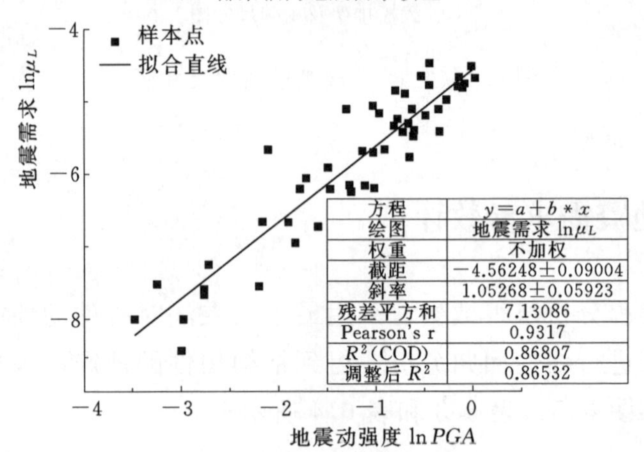

(c) 橡胶支座纵向地震需求模型

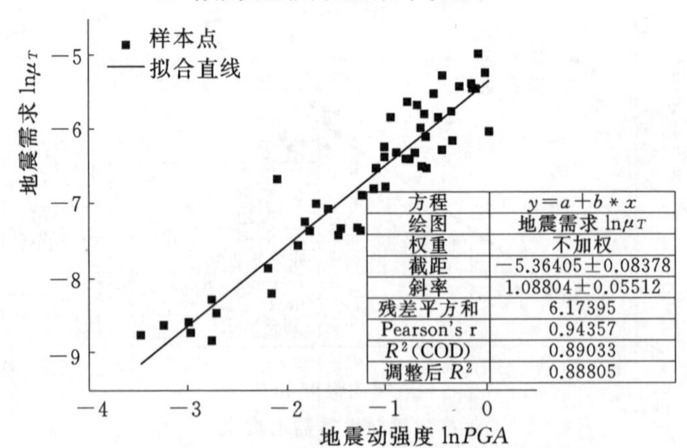

(d) 橡胶支座横向地震需求模型

图 6.5（二） 渡槽构件地震需求模型

表 6.3　　渡槽构件地震需求模型

需求参数	回归方程	判定系数	对数标准差
$\ln\mu_L$	$\ln\mu_L=1.053\ln(PGA)-4.562$	0.8681	1.050
$\ln\mu_T$	$\ln\mu_T=1.088\ln(PGA)-5.364$	0.8903	1.071
$\ln b_L$	$\ln b_L=0.974\ln(PGA)+1.303$	0.8815	0.964
$\ln b_T$	$\ln b_T=0.998\ln(PGA)+1.769$	0.8817	0.987

表 6.4　　渡槽构件地震需求间相关系数

相关系数	$\ln\mu_L$	$\ln\mu_T$	$\ln b_L$	$\ln b_T$
$\ln\mu_L$	1	0.934	0.975	0.9410
$\ln\mu_T$	0.934	1	0.936	0.985
$\ln b_L$	0.975	0.936	1	0.941
$\ln b_T$	0.910	0.985	0.941	1

由表 6.4 可知，渡槽单一构件的纵槽向和横槽向之间的相关性较好；橡胶支座和排架间相关系数大于 0.9，说明了渡槽构件之间具有较大相关性。

6.5.3　构件易损性曲线绘制

橡胶支座和排架在各种破坏情况下，X 顺槽向、Z 横槽向方向的地震易损性曲线如图 6.6 所示。

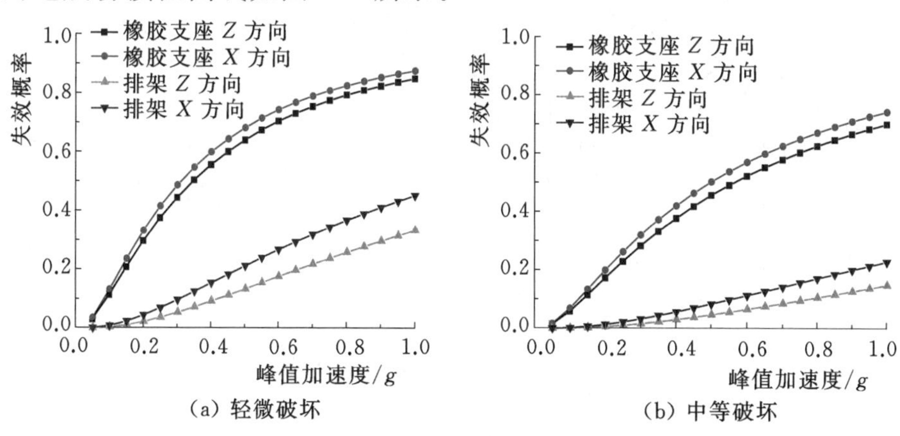

图 6.6（一）　渡槽构件单方向易损性曲线

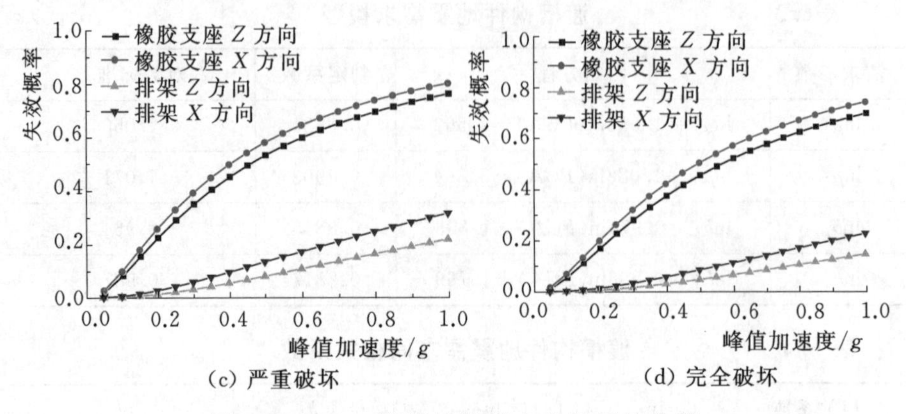

图 6.6（二） 渡槽构件单方向易损性曲线

由图 6.6 可知，随着峰值加速度 PGA 逐渐增加，渡槽基本构件在两个方向上的失效概率逐渐增加；橡胶支座两个方向的失效概率明显高于排架，且橡胶支座的横槽向 Z 方向最容易发生破坏，排架顺槽向 X 方向最不容易发生破坏；另外，橡胶支座的 X 方向和 Z 方向的易损性曲线基本一致，排架的 X 方向和 Z 方向的失效概率差距相对较大。

在绘制基本构件某一方向地震易损性基础上，通过式（6.7）计算渡槽构件失效概率，进一步得到渡槽基本构件地震易损性曲线，如图 6.7 所示。

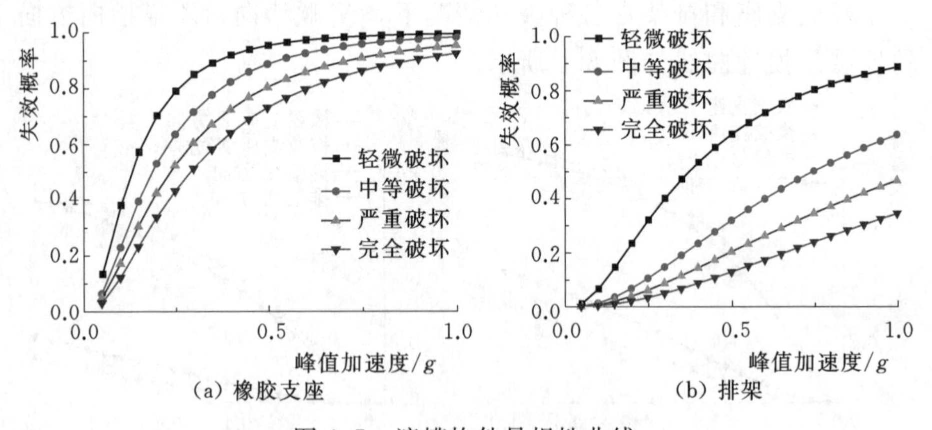

图 6.7 渡槽构件易损性曲线

由图 6.7 可知，在地震动峰值加速度小于 $0.1g$ 时，排架、橡

胶支座发生损伤的概率均较小；橡胶支座在四种损伤状态下的失效概率明显大于排架，说明橡胶支座更容易发生损伤；橡胶支座与排架相比，在 4 种损伤状态下的失效概率变化幅度较小。

为便于比较基本构件与单个构件某一方向的易损性对比，将其放在同一图中比较，如图 6.8 所示。

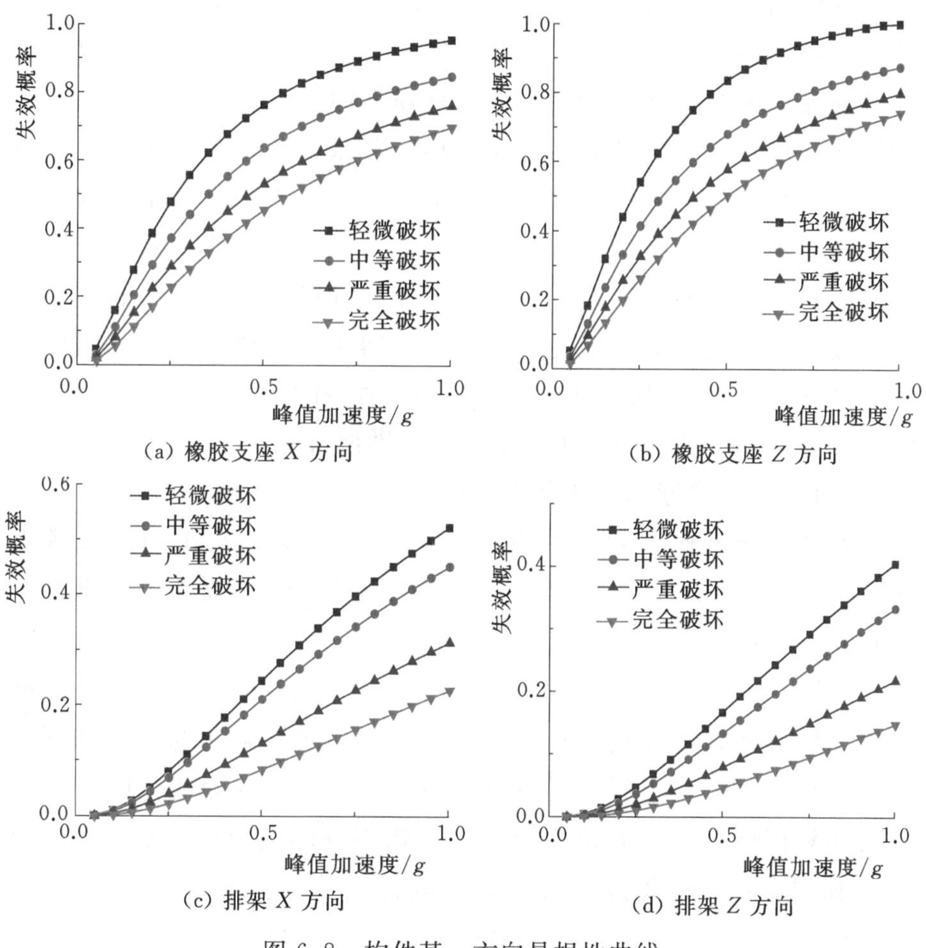

图 6.8　构件某一方向易损性曲线

由图 6.8 可知，橡胶支座横向和纵向的失效概率差别不大。排架 Z 方向的失效概率明显大于 X 方向的失效概率。说明渡槽槽身顺槽身方向比横槽身方向更容易发生破坏，这与渡槽结构形式有关。在峰值加速度较小的情况下，橡胶支座和排架在某一方向的失

效概率差距较小，随地震峰值加速度的增加，差距越来越明显。随峰值加速度的增大，橡胶支座两个方向在四种破坏状态下，失效概率差距变化幅度较低，排架的失效概率差距逐步扩大。

6.5.4 渡槽系统易损性曲线绘制

渡槽结构可以看作是由排架、橡胶支座等多个基本构件组成的系统结构，在地震作用下，各个构件都有可能发生损伤。目前关于地震易损性的分析常以单一构件的易损性曲线来表达整个系统结构的损伤状态，不考虑各构件之间的相互联系，该方法虽简单，但不能对整个系统的易损性进行准确评估。在实际工程中，单个构件的失效概率不能取代结构整体的失效概率，采用单个构件的易损性来推断结构整体的易损性误差较大，不能准确描述结构整体的抗震能力，故分析渡槽整体的地震易损性就显得十分必要。本节采用界限估计法中的一阶界限法和 Copula 函数中的 Frank Copula 函数和 Gassian Copula 函数绘制渡槽系统易损性曲线。

6.5.4.1 渡槽串联体系系统易损性

在把渡槽看作串联体系下，将通过 Copula 函数得到的渡槽系统易损性曲线和通过一阶界限法得到的渡槽系统易损性上下界曲线放在同一图中比较，如图 6.9 所示。

由图 6.9 可知，在串联模式下，通过 Copula 函数得到的渡槽系统失效概率在整个地震动强度内都处于一阶界限法的上界和下界之间，且更靠近于上界。用下界描述系统的易损性会明显降低整体结构的易损性。通过 Frank Copula 函数得到的渡槽系统易损性曲线与一阶界限法所得下界的最大偏差分别为 20.0%、19.2%、19.5%、18.6，与上界的最大偏差为 5.2%、4.5%、3.0%、2.9%。通过 Gassian Copula 函数得到的渡槽系统易损性曲线与一阶界限法所得下界的最大偏差分别为 19.7%、19.0%、18.8%、18.5%，与上界的最大偏差为 5.5%、4.7%、4.0%、3.5%。两种 Copula 函数结果对比可知，通过 Frank Copula 函数和 Gassian Copula 函数计算得到的渡槽系统易损性结果接近，四种破坏状态下的

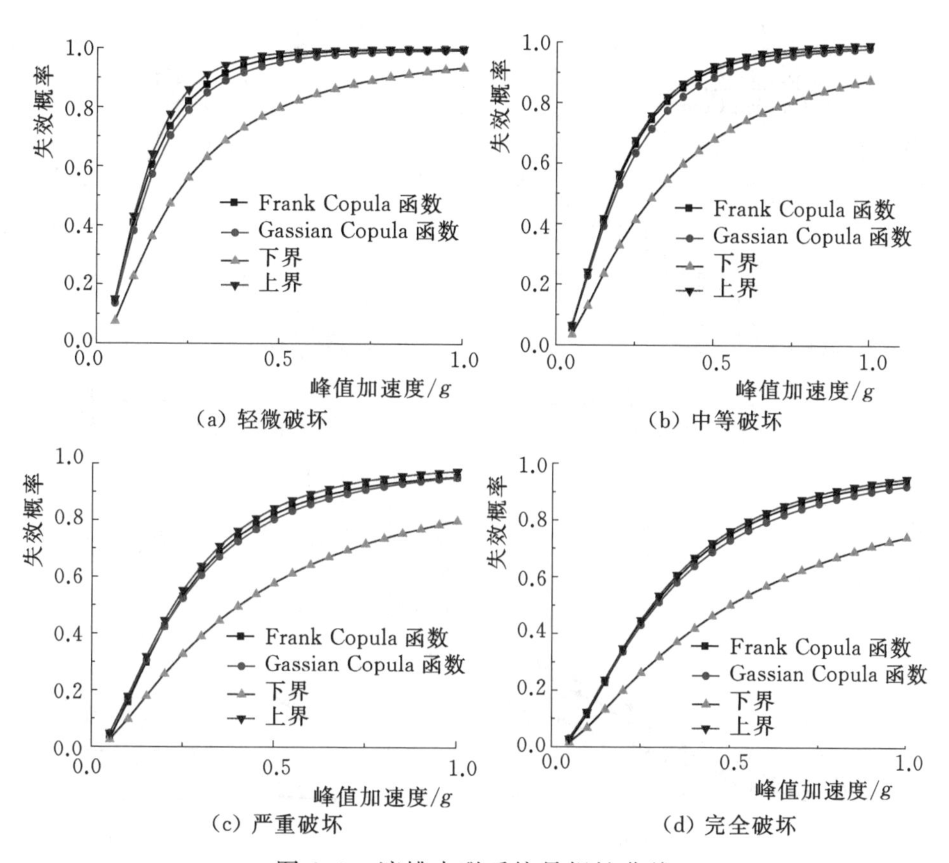

(a) 轻微破坏

(b) 中等破坏

(c) 严重破坏

(d) 完全破坏

图 6.9 渡槽串联系统易损性曲线

最大偏差分别为 3.1%、4.2%、5.1%和 4.6%。随着地震动强度的增大，通过一阶界限法所得到的上、下界的差值变得越来越大，误差也随之增大。因此，当地震动强度较大时，采用一阶界限法的下界来估计渡槽系统的易损性较为保守。

6.5.4.2 渡槽并联体系系统易损性

在把渡槽看作并联体系下，将通过 Copula 函数得到的易损性曲线和通过一阶界限法得到的易损性曲线放在同一图中比较，如图 6.10 所示。

由图 6.10 以看出，在把渡槽看作并联系统时，四种损伤状态得到的渡槽系统失效概率明显低于将渡槽看作串联系统时所得的概率，且界宽更大。把渡槽看作为并联结构时，渡槽安全性能更高。

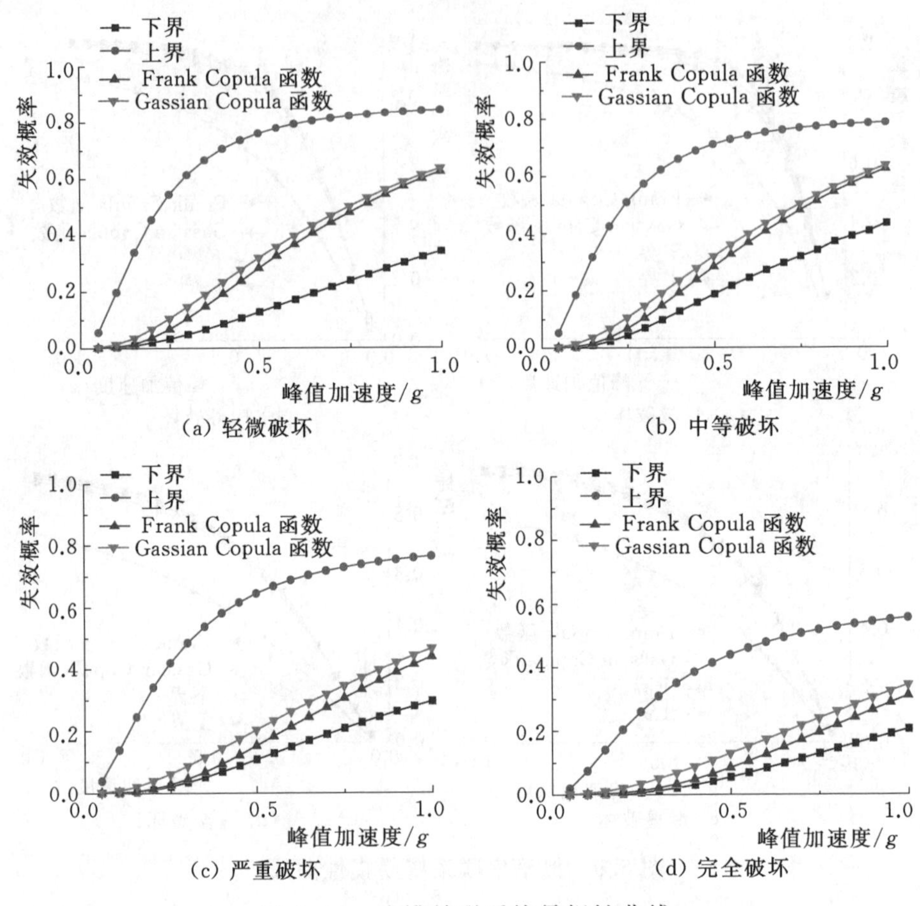

图 6.10　渡槽并联系统易损性曲线

并联模式下，通过 Copula 函数得到的易损性曲线位于一阶界限法得到的上下界之间，且更靠近下界，与下界相比，和上界相差较大。随着地震动强度的增大，通过一阶界限法所得到的上、下界的差值先增大后逐步减小。在四种破坏状态下，通过 Frank Copula 函数得到的渡槽系统易损性曲线与一阶界限法所得下界的最大偏差分别为 25.2%、20.1%、14.3%、10.3%，与上界的最大偏差为 50.3%、47.0%、49.1%、50.8%。通过 Gassian Copula 函数得到的渡槽系统易损性曲线与一阶界限法所得下界的最大偏差分别为 28.9%、21.9%、16.9%、13.6%，与上界的最大偏差为 47.7%、43.1%、43.6%、46.4%。两种 Copula 函数所得系统易损性偏差

分别为4.2%、4.1%、5.2%、4.6%。

6.6 本 章 小 结

以具体渡槽为例，通过有限元软件建立渡槽模型，进行时程分析计算，考虑不确定性因素影响，确定渡槽破坏准则和损伤指标。在建立基本构件橡胶支座以及排架构件的易损性曲线基础上，采用可靠度理论中的界限法计算渡槽系统易损性，最后通过介绍变量联合概率分布函数所构造的Copula函数的方法，然后将其与界限法进行比较，得到以下主要结论：

（1）渡槽橡胶支座纵向和横向的易损性规律基本一致，排架纵横向易损性差别较大，橡胶支座更易发生损伤。

（2）采用界限法计算得到的渡槽系统易损性曲线发现，渡槽系统失效概率与排架和橡胶支座的失效概率差别较大，故采用单个构件的易损性来判断系统易损性是不准确的。采用二阶界限法计算得到的上下界都位于一阶界限法的上下界之间，且区间范围明显减小。

（3）在把渡槽看作并联系统时，四种损伤状态得到的渡槽系统失效概率明显低于将渡槽看作串联系统时所得的概率。在把渡槽看作并联结构时，渡槽安全性能更高。

（4）Copula函数不仅能够描绘橡胶支座和排架的非线性相关特性及其尾部相关性，还能使多元联合概率密度函数的建模过程得到简化，为研究渡槽构件的地震需求提供了一种新的思路和方法。

（5）基于Copula函数得到的地震易损性曲线与一阶界限法相比较，发现其位于一阶界限法的上下阶之间，说明渡槽系统的易损性与单个构件的易损性存在差距，且采取一阶界限法计算系统的易损性时，上、下界带宽较大。用上界评估渡槽系统的易损性所得结果偏于安全。基于Copula函数所得到的渡槽系统地震易损性曲线，可以避免大量的数值抽样，使得计算方法更加简便，效率更高。

第7章 基于信息融合的渡槽结构损伤诊断

7.1 信息融合理论

信息融合是指将结构的局部数据信息，通过一定的组合方式进行综合，从而得到一组真实反映结构整体振动特性的新数据。结构的多测点信息融合相当于利用传感器采集的信号对同一结构的不同部位以及不同方面的特征信息进行综合。不同测点的信息有关联性也有差异，测点不同则所含噪声成分也不同，有效特征信息所占的比例也不同。此外，不同测点的测试信号提取的特征频率可能不同，但有一些互补信息。基于多元信息融合的渡槽结构安全运行监测研究，避免了常规的采用单一静态监测仪器进行“点”监测的缺点，而对各静态、动态检测/监测效应量信息进行多级融合，可以更全面地反映水工结构整体的安全状态。

本章主要对数据级、特征级及决策级等融合理论进行了简单介绍，着重介绍了方差贡献率数据融合算法，并将该方法应用于长坂坡渡槽探讨其工程实用性，提取结构更加完整的振动特性。

7.1.1 数据级信息融合

数据级融合的流程如图7.1所示，该融合方法具有精度高、数据损失少、细微信息丰富等优点，但也有一些缺点，如计算时间长、代价高、要求同类传感器、容易受外界干扰等。

由于精度较高，数据级融合应用较多。Ren等首次将一致性融合算法应用于多传感器测试数据的融合，并验证了提出方法的可行性。李学军等提出了可自动筛传感器采集到的信息有效性的方

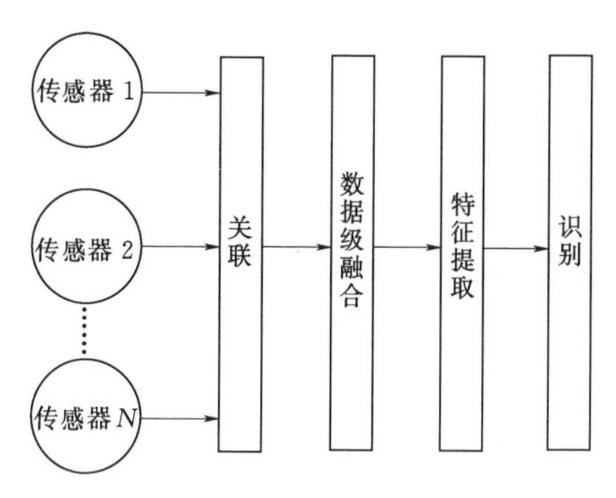

图 7.1 数据级融合流程图

法——互相关融合方法，该方法能够准确识别失效的传感器，提高信息融合的精度。众多数据级融合算法中，应用较多的是一致性融合算法及互相关融合算法，本节将对这两种融合算法进行着重介绍。

7.1.1.1 一致性融合算法

一致性融合算法利用 n 个同一类型的传感器对目标进行多方位的测量，每次测量是相互独立的。设传感器 i 测量得到的值为 x_i，其测量精度为 σ_i，得到的测量模型如下：

$$P(x_i)=\frac{1}{\sqrt{2\pi\sigma_i}}e^{\frac{(x-x_i)2}{2\sigma_i^2}}(i=1,2,\cdots,n) \tag{7.1}$$

分别用 d_{ij} 和 d_{ji} 表示传感器 i、j 的互相支持度：

$$\begin{aligned} d_{ij}&=2\left|\int_{x_i}^{x_j}P(x\mid x_i)\mathrm{d}x\right| \\ d_{ji}&=2\left|\int_{x_j}^{x_i}P(x\mid x_i)\mathrm{d}x\right| \end{aligned} \tag{7.2}$$

对于给定阈值 ε_{ij}，满足式（7.3）：

$$r_{ij}=\begin{cases}1 & (d_{ij}\leqslant\varepsilon_{ij}) \\ 0 & (d_{ij}\geqslant\varepsilon_{ij})\end{cases} \tag{7.3}$$

支持矩阵 R 可表示为

$$R=(r_{ij})_{n\times n}=\begin{bmatrix} r_{11} & r_{12} & \cdots & r_{1n} \\ r_{21} & r_{22} & \cdots & r_{2n} \\ \vdots & \vdots & & \vdots \\ r_{n1} & r_{n2} & \cdots & r_{nn} \end{bmatrix} \tag{7.4}$$

令 W_i 表示传感器 i 在信息融合中所占的比重，且满足：

$$\sum_{i=1}^{n} W_i = 1 (0 \leqslant W_i \leqslant 1) \tag{7.5}$$

最后得到融合信息为

$$x = \sum_{i=1}^{n} W_i x_i \tag{7.6}$$

该融合算法简单易懂，计算方便，但阈值 ε_{ij} 的选择没有确切标准，受人为因素影响较大。

7.1.1.2　互相关融合算法

假设 $x(n)$ 和 $y(n)$ 是因果相关且能量有效的两个信号序列，其相关系数 ρ_{xy} 为：

$$\rho_{xy} = \frac{\sum_{n=0}^{\infty} x(n) y(n)}{\left[\sum_{n=0}^{\infty} x^2(n) \sum_{n=0}^{\infty} y^2(n)\right]^{1/2}} = \frac{R_{xy}}{\sqrt{E_x E_y}} \tag{7.7}$$

式中：$E_x E_y$ 表示 $x(n)$ 和 $y(n)$ 的能量乘积，其值为常数；ρ_{xy} 为相关系数，其取值由 $R_{xy}=\sum_{n=0}^{\infty} x(n) y(n)$ 决定；R_{xy} 为 $x(n)$、$y(n)$ 的相关函数。

设有 n 个信号，分别记为 $x_1(n)$，$x_2(n)$，…，$x_n(n)$，$R_{x_i x_j}$ 的计算公式为

$$R_{x_i x_j}(m) = \frac{1}{N-m} \sum_{n=1}^{N-m} x_i(n) x_j(n+m) \tag{7.8}$$

式中：N 表示数据个数；$m=0$，1，…，k。

信号 $x_i(n)$ 和 $x_j(n)$ 的能量 E_{ij} 为

$$E_{ij} = \sum_{i=1}^{n} [R_{ij}(i)]^2 \tag{7.9}$$

信号 $x_i(n)$ 与其他信号的能量之和 E_i 为

$$E_i = \sum_{j=1, j\neq i}^{n} E_{ij} \tag{7.10}$$

权值 α_i 与 E_i 成正比，即

$$\alpha_1 : \alpha_2 : \cdots : \alpha_n = E_1 : E_2 : \cdots : E_n \tag{7.11}$$

且

$$\alpha_1 + \alpha_2 + \cdots + \alpha_n = 1 \tag{7.12}$$

融合信号 X 为

$$X = \alpha_1 x_1 + \alpha_2 x_2 + \cdots + \alpha_n x_n \tag{7.13}$$

该融合算法无须先验知识即可进行数据融合，但噪声成分较多时，容易出现信息丢失现象。

7.1.2 特征级信息融合

特征级先提取信息的特征，再将特征进行融合，其融合流程如图 7.2 所示。该融合算法对数据进行了有效的压缩，计算效率提高，但部分有效信息损失，融合精度有所降低。特征级融合算法主要包括卡尔曼滤波、人工神经网络等。例如，郭张军等将卡尔曼滤波融合算法用于大坝坝基水平位移计算和分析，克服了单个监测点得到的计算结果不一致的问题，工程实用性较强。由于卡尔曼滤波在水工结构中应用较多，对该算法进行重点介绍。

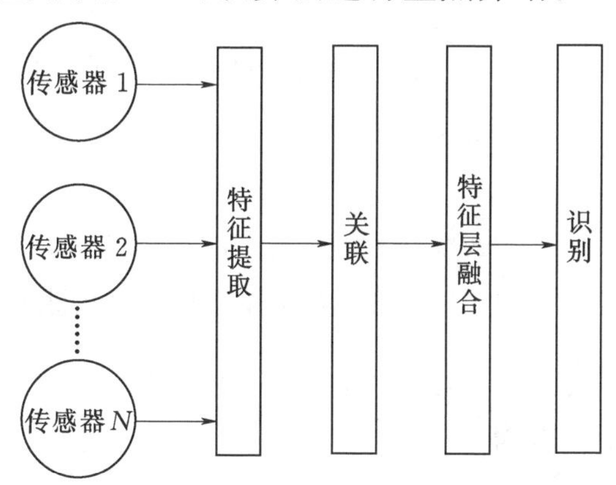

图 7.2　特征级融合流程图

卡尔曼滤波算法的原理如下：

设某一动态系统的自由度为 n，则有

$$\begin{cases} X_{k+1}=\Phi_k X_k+\Gamma_k F_k \\ Y_{k+1}=H_{k+1}X_{k+1}+v_{k+1} \end{cases} \tag{7.14}$$

式中：X_k 为状态变量；F_k 为采样值；Y_k 为观测向量，其维数为 m 维（$m \leqslant n$）；H 为观测矩阵；v 为噪声向量。

根据上述条件，对 $k+1$ 时刻，可得 $\tilde{X}_{k+1}$：

$$\tilde{X}_{k+1}=\Phi_k \hat{X}_k+\Gamma_k F_k \tag{7.15}$$

参考 $k+1$ 时刻信息，X_{k+1}的最小方差估计可表示为

$$\hat{X}_{k+1}=K_{1k+1}\tilde{X}_{k+1}+K_{k+1}Y_{k+1} \tag{7.16}$$

估计误差计算公式为

$$\varepsilon_{k+1}=X_{k+1}-\hat{X}_{k+1} \tag{7.17}$$

$$\tilde{\varepsilon}_{k+1}=X_{k+1}-\tilde{X}_{k+1} \tag{7.18}$$

将观测方程与式（7.17）和式（7.18）结合可得

$$X_{k+1}-\varepsilon_{k+1}=K_{1k+1}(X_{k+1}-\tilde{\varepsilon}_{k+1})+K_{k+1}(H_{k+1}X_{k+1}+v_{k+1}) \tag{7.19}$$

即

$$\varepsilon_{k+1}=-(K_{1k+1}+K_{k+1}H_{k+1}-I)X_{k+1}+K_{1k+1}\tilde{\varepsilon}_{k+1}-K_{k+1}v_{k+1} \tag{7.20}$$

由于 $E(v_{k+1})=0$，且 ε_{k+1}和 $\tilde{\varepsilon}_k$ 期望都为 0，可得

$$K_{1k+1}+K_{k+1}H_{k+1}-I=0 \tag{7.21}$$

即

$$K_{1k+1}=I-K_{k+1}H_{k+1} \tag{7.22}$$

将式（7.22）和式（7.16）结合，可得状态滤波方程为

$$\hat{X}_{k+1}=\tilde{X}_{k+1}+K_{k+1}(Y_{k+1}-H_{k+1}\tilde{X}_{k+1}) \tag{7.23}$$

ε_{k+1}的协方差矩为

$$P_{k+1}=E\{(X_{k+1}-\hat{X}_{k+1})(X_{k+1}-\hat{X}_{k+1})^{\mathrm{T}}\} \tag{7.24}$$

计算得误差协方差预测方程为

$$\widetilde{P}_{k+1}=\Phi_k P_k \Phi_k^{\mathrm{T}} \tag{7.25}$$

最后得到 P_{k+1} 为

$$P_{k+1}=(I-K_{k+1}H_{k+1})\widetilde{P}_{k+1} \tag{7.26}$$

对于给定的 $\hat{X}_0$ 和 P_0，结合 R_k，Φ_k，H_k，Γ_k，F_k 等已知参数，可完成卡尔曼滤波的计算过程。

7.1.3 决策级信息融合

决策级融合层次最高，该方法先对单一测试信息进行判断，从而得到多个子决策，最后将各种子决策融合得到总决策，其融合流程如图 7.3 所示。由于数据量少，其精度与其他两种融合方法相比较低，但是它计算成本低，可用于异类传感器。

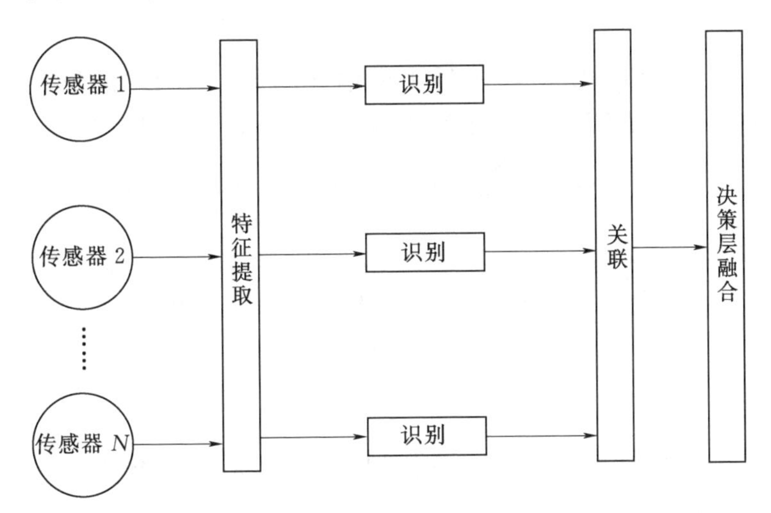

图 7.3 决策级融合流程图

决策级融合算法有 Bayes 推理、模糊积分、D-S 证据理论等。例如，叶伟等用加权优化法对 D-S 证据理论进行了改进，并将该方法应用于西溪大坝的安全评价，取得较好结果；He Jinping 等将 Bayes 理论用于大坝多测点融合中，为大坝的状态评价和异常诊断奠定基础。本小节着重介绍 D-S 证据理论和 Bayes 推理方法。

7.1.3.1 D-S 证据理论

D-S 证据理论原理如下：

1. 定义1

令U为辨识框架，ϕ为空命题集合，则m：$2^U \to [0, 1]$应满足：

$$m(\phi)=0$$
$$\sum_{A \subset U} m(A)=1 \tag{7.27}$$

式中：$m(A)$为A的概率赋值，表示对A的信任度，$m(A)$越大，A的信任度越高。

2. 定义2

定义信任函数BEL：$2^U \to [0, 1]$为

$$BEL(A)=\sum_{B \subset A} m(B)(\forall A \subset U) \tag{7.28}$$

式中：$BEL(A)$表示对A的总信任度。

3. 定义3

设BEL_1和BEL_2都是U上的信任函数，BEL_1的焦元为A_1，A_2，…，A_k，BEL_2的焦元为B_1，B_2，…，B_k，且

$$K_1=\sum_{A_i \cap B_j=\phi} m_1(A_i)m_2(B_j)<1 \tag{7.29}$$

可得：

$$m(C)=\begin{cases} \sum\limits_{A_i \cap B_j=C} m_1(A_i)m_2(B_j)/(1-K_1) & \forall C \subset U \quad C \neq \phi \\ 0 & C \neq \phi \end{cases} \tag{7.30}$$

D-S证据理论虽应用广泛，但其$m(A)$值没有特定标准，需具体问题具体确定。

7.1.3.2　Bayes定理

Bayes定理的理论如下：

对某一识别系统，设有m种识别结果，记为A_1，A_2，…，A_m，各个结果相互独立。$P(A_i)$代表产生A_i的概率，设B为某一识别结果，则$P(B/A_i)$表示识别结果为B的概率，则有

$$P(A_i/B)=\frac{P(B/A_i)P(A_i)}{\sum\limits_{j=1}^{m} P(B/A_j)P(A_j)}\left(\sum_{i=1}^{m} P(A_i)=1\right) \tag{7.31}$$

设有 m 个信息源 A_1，A_2，…，A_m，识别结果分别为 B_1，B_2，…，B_n，各个结果相互独立，则信息源 i（$i=1$，2，…，m）的后验概率可表示为

$$P(A_i/B_1,B_2,\cdots,B_n)=\frac{\prod\limits_{k=1}^{n}P(B_k/A_i)P(A_i)}{\sum\limits_{j=1}^{m}\prod\limits_{k=1}^{n}P(B_k/A_j)P(A_j)} \tag{7.32}$$

Bayes 定理用于信息融合需提前确定先验概率，对于工程应用方面具有较大局限。

7.2 基于方差贡献率的多测点信息融合

7.2.1 方差贡献率基本理论

鉴于水工结构运行条件较复杂，测点位置的布置对其振动信号的影响较大，单测点测试数据反映的结构运行特征信息有限，因此需要采用有效的融合方法提取结构完整的运行特征信息。传统的数据融合方法（如一致性融合、HIS 变换、互相关融合方法等）将结构的局部数据信息通过一定的组合方式进行综合，得到一组真实反映结构整体振动特性的新数据，但其不足之处在于对信号相似度要求较高，易导致有效特征信息的丢失。为此，李火坤等提出了方差贡献率数据融合算法，并通过仿真试验验证了该方法的完整性、精确性及密频捕捉性。该方法已成功应用于蜀河渡槽结构和二滩渡槽等水利工程，取得了较好的效果。方差贡献率算法基本原理如下。

假设某一传感器的采样时间为 t，采样频率为 f_s，时间 t 内总共采集了 h 个离散数据，这 h 个数据取值分别记为 s_1，s_2，…，s_i，…，s_h，共同组成序列 $\{s_i$，$i=1$，2，…，$h\}$。

令数据点 s_i 对序列 $\{s_i$，$i=1$，2，…，$h\}$ 的方差贡献率为

$$K_i=\frac{(s_i-\mu)^2}{h\sigma^2} \tag{7.33}$$

其中
$$\mu=\frac{1}{h}\sum_{i=1}^{h}s_i,\sigma^2=\frac{1}{h-1}\sum_{i=1}^{h}(s_i-\mu)^2$$

式中：μ 为 $\{s_i\}$ 的均值；σ^2 为 $\{s_i\}$ 的方差。

如果利用 P 个同类传感器采集数据，采集数据的个数相同均为 h 个，令第 p 个传感器收集的数据序列中的第 q 个数据点记为 s_{pq}，则 s_{pq} 对整个序列的方差贡献率为

$$K_{pq}=\frac{(s_{pq}-\mu_p)^2}{h\sigma_p^2} \tag{7.34}$$

式中：μ_p 为第 p 个传感器采集的数据序列的期望；σ_p^2 为该序列的方差。

定义：s_{pq} 的融合系数 a_{pq} 为

$$a_{pq}=\frac{K_{pq}}{\sum_{p=1}^{P}K_{pq}} \tag{7.35}$$

通过数据融合可得 q 点的值 s_q 为

$$s_q=\sum_{p=1}^{P}a_{pq}s_{pq} \tag{7.36}$$

方差贡献率算法在使用同种传感器进行数据采集的基础上，能够将大量原始信息进行融合，自动将信号中的重要信息筛选出来，能更贴切地反映结构振动特性。

7.2.2　方差贡献率基本流程

方差贡献率算法的主要步骤如下：

（1）首先计算每个传感器中每个数据点对整条数据序列的方差贡献率 K_{pq}。

（2）计算每个传感器中每个数据点的融合系数 a_{pq}。

（3）根据不同传感器数据所占的比重，将其与对应的数据点相乘得到融合后的数据，从而实现多通道数据融合。

方差贡献率算法的融合流程如图 7.4 所示。

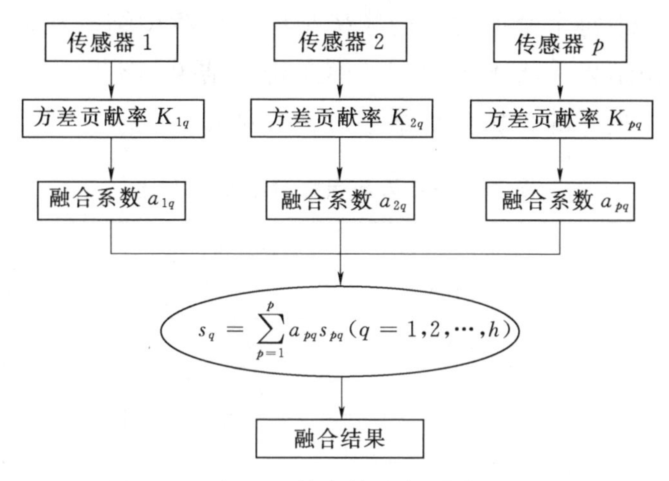

图 7.4　方差贡献率算法的融合流程图

7.2.3　工程实例

采用 2.5.2 节的长岗坡渡槽测点布置，利用方差贡献率算法对 1～14 通道滤波后信号进行动态融合，提取结构的完整工作特征信息。融合信号的功率谱如图 7.5 所示。由图 7.5 可知，结构融合信号共含 5 阶频率，分别为 1.1Hz、1.9Hz、3.7Hz、4.5Hz、5.5Hz。

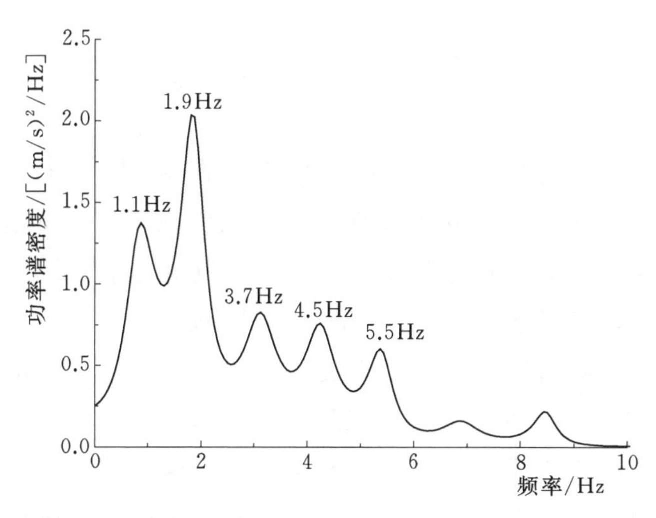

图 7.5　融合信号的功率谱

图7.5中每个峰值对应的频率结果即为渡槽结构在运行工况下的模态辨识结果，将本节得到的模态辨识结果与有限元软件计算得到的有水工况下的自振分析结果对比（见表7.1）。

表7.1　　模态辨识结果与自振分析结果对比

阶次	模态辨识/Hz	自振分析/Hz	误差/%
1	1.100	1.101	0.09
2	1.900	1.901	0.05
3	3.700	3.730	0.81
4	4.500	4.516	0.36
5	5.500	5.548	0.87

由表7.1可知，计算得到的融合信号包含6阶频率，分别为1.1Hz、1.9Hz、3.7Hz、4.5Hz、5.5Hz，融合信号弥补了单通道信号的不足，提取的信息更全面，融合信号充分利用了各通道信号的关联性和差异性，使得部分被淹没的主频显现出来，避免重要信息丢失，其优势较明显；融合信号得到的特征频率与模态计算结果基本一致，最大误差仅为0.87%。结果表明：方差贡献率算法可以精确提取结构的完整工作信息，并且精度高，工程应用价值较大。

7.3　基于HMM的损伤诊断

大型结构在安全监测过程中，往往在结构不同位置布置大量传感器，并通过有效方法分析处理信号，最终得到结构的运行状态。在数据处理过程中，面对海量的数据，一般情况下，无法系统综合地利用数据，仅仅选取对结构影响较大的测点和数据进行分析，导致最终分析结果的局限性，无法表征结构整体特征。本章节应用基于HMM的特征级融合信息分析方法，提取不同监测数据特征信息，并对得到的特征进行整合，最终得到结构整体运行状态，从而对水工结构进行损伤判断。事实证明，该方法在融合过程中能综合利用多种监测量，基于该法进行分析所得到的结果相比于传统方法

更加精确全面。

7.3.1 HMM 基本原理

7.3.1.1 马尔可夫模型的提出

马尔可夫为统计模型的一类，原型是马尔可夫链。马尔可夫过程是随机的，这种过程在日常生活中随处可见，如汽车站的人数、流感的人数等。若 n 为影响状态转移的个数，称为 n 阶模型，当 $n=1$ 时，表示一阶模型。若用马尔可夫模型表示天气状况，观测状况为阴天、晴天，初始向量是 $t=0$ 时天气状况的概率，气候情况转变的概率为状态变动矩阵。见表 7.2，可以看出假设今天的气候情况为晴，来日也为晴的概率为 0.9，为阴的可能为 0.1。

表 7.2　　基于马尔可夫模型的天气情况

第 n 天	第 $n+1$ 天	
	晴	阴
晴	0.9	0.1
阴	0.5	0.5

马尔可夫模型已在识别、训练等范畴普遍运用。龚然等将马尔可夫知识应用到油气管道，创建其寿命的模型，通过管道腐蚀状态的分类，有效预测管道使用年龄。唐俊勇等通过马尔可夫知识，实现了对网络切实可行的判定，并验证该方法的有效性。

7.3.1.2 HMM 的理论

马尔可夫状态转移的概率为定值，但通常情况下的状态无法直接观测出来。因此，后续创立了隐马尔可夫模型（Hidden Markov Model，HMM)，内部包含参数，也被叫作动态贝叶斯方法。可以根据昨天的天气情况，利用状态转移概率来确定今天的天气情况，如果无法观测前一天天气的情况，但知道当天雨衣的销售量状况，若当天雨衣的销售量突然增加时，说明当天为雨天的可能性很大。此时，建立了雨衣销售情况和天气状态之间的关系，可以通过雨衣的销售量来判别天气状况，雨衣的销售量为可观察的量，天气状况为隐藏状态。

HMM由初始概率向量$\boldsymbol{\pi}$、状态转移概率矩阵$\boldsymbol{A}$以及观测概率矩阵$\boldsymbol{B}$确定，其中通过$\boldsymbol{\pi}$和$\boldsymbol{A}$明晰潜伏的马尔可夫链，产生序列Y(Y无法观测)，通过$\boldsymbol{B}$确定从Y到X(X可观测）的过程。

1. HMM包括5个元组

（1）状态集为$H=\{H_1,H_2,\cdots,H_L\}$，H_t为t时刻的状态，L为正整数。

（2）输出集为$O=\{o_1,o_2,\cdots,o_M\}$，M为离散状态下的观测数目。

（3）初始概率集为$\pi=\{\pi_i\}$，$i\in H$，$\pi_i=P(H_1=i)$。

（4）转移概率集为$A=\{a_{ij}\},i,j\in H$。其中，$a_{ij}=P(H_{t+1}=j|H_t=i),1\leqslant i,j\leqslant L$。

（5）观测状态概率转移集为$B=b_j(o_i),j\in L$。其中，$b_j(o_i)=P(o_t|s_1=j)$。

2. HMM中涉及的几个问题

（1）已知观测数据集$O=\{o_1,o_2,\cdots,o_M\}$和模型$\lambda=\{A, B, \pi\}$，计算出模型中的观测数据概率，即$P(O|\lambda)$。

（2）已知观测数据集$O=\{o_1,o_2,\cdots,o_M\}$和模型$\lambda=\{A, B, \pi\}$，计算出隐状态集$\{H_1, H_2, \cdots, H_L\}$，该集合为模型最优状态，虽然无法直接观测，但具有很大的意义。

（3）观测数据集$O=\{o_1,o_2,\cdots,o_M\}$未知，需有效调整模型$\lambda=\{A, B, \pi\}$使得$P(O|\lambda)$最大。

7.3.1.3　HMM的方法

问题一是在已知观测数据集和相应模型时，求出观测数据概率，即在已知结构时间数据时，给出以往结构的监测指标或其改变情况，求出结构运行状况产生改变的概率。问题二可求出隐藏的变量。问题三需利用以往监测信号训练模型，完成对结构运行状态的监测。针对上面若干问题，本书采用以下方法解决。

1. 向前向后算法

该方法适用于已知观测数据集$O=\{o_1,o_2,\cdots,o_M\}$和HMM模

型$\lambda=\{A, B, \pi\}$，求出模型中的观测数据概率$P(O|\lambda)$。在对结构监测过程中，时间t是独立的，则状态集$H=\{1,2,\cdots,L\}$的概率表示为

$$P(O \mid H,\lambda)=\prod_{i=1}^{T}P(o_i \mid H_i,H_{i+1},\lambda)=b_{i_1}(o_1)b_{i_2}(o_2)\cdots b_{i_r}(o_r) \tag{7.37}$$

状态发生转移时概率：

$$P(S|\mu)=\pi_{s_1}a_{s_1s_2}\cdots a_{s_{T-1}s_T} \tag{7.38}$$

$$P(O,S|\lambda)=P(O|S,\lambda)P(S|\lambda) \tag{7.39}$$

求得

$$\begin{aligned}P(O \mid \lambda)&=\sum_{S}P(O \mid S,\lambda)P(S \mid \lambda)\\&=\sum_{S_1\cdots S_T}\pi_{s_1}b_{S_1}(o_1)\prod_{t=2}^{T}a_{S_{t-1}S_t}b_{s_t}(o_t)\end{aligned} \tag{7.40}$$

2. Viterbi 方法

适用范畴：已知观测数据集$O=\{o_1,o_2,\cdots,o_M\}$和模型$\lambda=\{A,B,\pi\}$，得到接近最优状态时的序列，即得到观测数据集$O=\{o_1,o_2,\cdots,o_M\}$最佳序列$S'=(s_1,s_2,\cdots,s_T)$：$\mathrm{argmax}P(S'|O,\lambda)$。具体算法如下：

步骤1：定义初始变量：

$$\zeta_i(1)=\pi_i b_i(\sigma_1),\quad 1\leqslant i\leqslant L \tag{7.41}$$

$$\varphi_i(1)=0,\quad 1\leqslant i\leqslant L \tag{7.42}$$

步骤2：归纳变量：

$$\zeta_j(t)=b_j(o_t)\zeta_i(t-1)a_{ij},\quad i=\max\{1\leqslant i\leqslant L\} \tag{7.43}$$

$$\varphi_j(t)=\mathrm{argmax}[\varphi_i(t-1)a_{ij}] \tag{7.44}$$

步骤3：取

$$t=t+1 \tag{7.45}$$

若$t>T$，放弃计算，若$t\leqslant T$，重复步骤2。

步骤4：停止：

$$P^*=\zeta_T(i),\ i=\max\{1\leqslant i\leqslant L\} \tag{7.46}$$

$$i_T^*=\mathrm{argmax}[\zeta_T(i)],\ 1\leqslant i\leqslant L \tag{7.47}$$

步骤 5：最优路径：

$$i_t^* = \varphi_{t+1}(i_{t+1}^*), t = T-1, \cdots, 1 \tag{7.48}$$

$$I^* = (i_1^*, i_2^*, \cdots, i_T^*) \tag{7.49}$$

3. Baum - Welch 方法

该方法是通过以往的观测数据 $O=(o_1,o_2,\cdots,o_T)$，继而获得 HMM 的极佳参数。具体步骤如下：

步骤 1：初始 $n=0$，$a_{ij}^{(0)}$，$b_j(k)^{(0)}$，$\pi_i^{(0)}$，构建模型 $\lambda^0 = [A^{(0)}, B^{(0)}, \pi^{(0)}]$。

步骤 2：令 $n=1,2,\cdots,N$，得

$$a_{ij}^{(n+1)} = \frac{\sum_{i=1}^{T-1} \alpha_i(i,j)}{\sum_{i=1}^{T-1} \beta_i(i)} \tag{7.50}$$

$$b_j^{(n+1)}(k) = \frac{\sum_{t=1,o_i=v_k}^{T-1} \beta_t(j)}{\sum_{t=1}^{T} \beta_t(j)} \tag{7.51}$$

$$\pi_i^{(n+1)} = \beta_1(i) \tag{7.52}$$

步骤 3：停止：

模型的最终参数为

$$\lambda^{(n+1)} = [A^{(n+1)}, B^{(n+1)}, \pi^{(n+1)}] \tag{7.53}$$

7.3.2　渡槽诊断模型的建立

渡槽在运行监测过程中，不同时刻结构的运行状况不同，单一的监测指标无法全面表征结构整体的运行状况，通过各类的监测仪器得到结构运行历程中的数据，进一步得到结构的运行状况，对发生损伤的部位及时维护，保障结构具有最大的效益。渡槽在运行过程中，若结构出现损伤，其损伤状态较为隐秘，用肉眼无法辨别，监测渡槽运行状态的指标（如变形、应力、位移等）为直接可观测量。因此，选取渡槽结构的监察数据建立与结构运行情况的模型，即 HMM 模型，进一步获得结构的运行状况，如图 7.6 所示。

在上述模型中，观测状态的原始序列为上节融合后数据按秒求

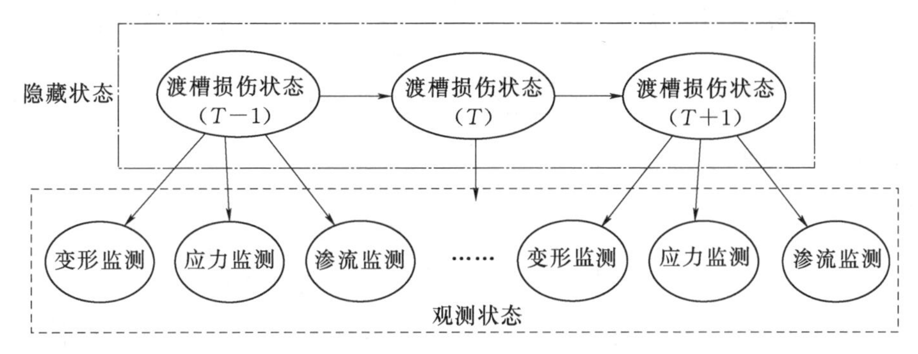

图 7.6 渡槽诊断 HMM 模型

取排列熵值序列，将该序列中的元素按照排列熵值由小到大分为三级，得到 HMM 算法所需的观测序列。

渡槽损伤状态分为正常、注意和损伤三种状态，正常状态是指渡槽结构在泄水运行过程中，结构内部满足正常功能需求和一定的抵抗灾害能力；注意状态是指渡槽一些部位出现了损伤，结构仍能满足正常的使用，但不具备对灾害的抵抗能力，需要对渡槽结构加以维护，防止损伤扩大；损伤状态是指随着时间推移，表面小的裂缝慢慢发展成大的贯穿裂缝，坝身漏水严重，主要部位钢筋大量的锈蚀，对结构的运行造成威胁，此时结构失去荷载承受能力，容易发生工程事故，需要对坝身损伤部位进行及时的维修。

7.3.3 渡槽诊断模型参数选取

由 7.3.1 节可知，HMM 模型参数的选取主要有不同时刻渡槽运行状态的转移概率 A，不同运行状态相应的观测概率 B 和与时间序列对应的观测值序列 $O=(o_1,o_2,\cdots,o_T)$。针对观测值序列的选取，首先采用 K - means 方法对原始监测数据聚类分析。

1. K - means 方法聚类

K - means 方法计算简单，方便实现，聚类准确且约束速率快，其根本理论是：假设样本集 $x_i(i=1,2,\cdots,n)$，依据数据间隔划为 K 类，在划分中尽量保持每类中的数据尽可能紧密，各类间隔距离最大。

假设数据划分为 K 类（α_1，α_2，…，α_K），且数据满足：

$$E=\sum_{i=1}^{K}\sum_{x\in\alpha_i}\|x-\varepsilon_i\|_2^2 \tag{7.54}$$

式中：ε_i 为类 α_i 的质心。

$$\varepsilon_i=\frac{1}{|\alpha_i|}\sum_{x\in\alpha_i}x \tag{7.55}$$

假设输入的数据集为 $D=\{x_i\},i=1,2,\cdots,m$，依据数据间隔划为 K 类，最大的迭代数为 N，则输出划分类为 $\alpha=\{\alpha_1,\alpha_2,\cdots,\alpha_K\}$。具体计算流程如下：

（1）在样本集 D 里选取 K 个初始质心 $\{\varepsilon_1,\varepsilon_2,\cdots,\varepsilon_K\}$，数据类的划分初始化 $\alpha_s=\phi(s=1,2,\cdots,K)$。

（2）利用 $d_{ij}=\|x_i-\mu_j\|_2^2$ 算出数据 $x_i(i=1,2,\cdots,m)$ 和质心 $\alpha_j(j=1,2,\cdots,K)$ 的间距。当 d_{ij} 值最小时，对应的类别为 σ_i，更新 $\alpha_{\sigma_i}=\alpha_{\sigma_i}\cup\{x_i\}$。

（3）利用 $\varepsilon_j=\frac{1}{|\alpha_j|}\sum_{x\in\alpha_j}x$ 更新样本 $\alpha_j(j=1,2,\cdots,K)$ 质心。

（4）当 K 个质心 $\{\varepsilon_1,\varepsilon_2,\cdots,\varepsilon_K\}$ 不再发生变化时，输出类划分 $\alpha=\{\alpha_1,\alpha_2,\cdots,\alpha_K\}$。

聚类分析过程中，首先需要确定合适的聚类数，为保证获得最佳聚类效果，通常借助聚类误差（J）-聚类数（K）图辅助判断。随着聚类数 K 的增大，样本划分会更加精细，每个簇的聚合程度会逐渐提高，那么误差平方和聚类误差（J）自然会逐渐变小。并且，当 K 小于真实聚类数时，由于 K 的增大会大幅增加每个簇的聚合程度，故 J 的下降幅度会很大，而当 K 到达真实聚类数时，再增加 K 所得到的聚合程度回报会迅速变小，所以 J 的下降幅度会骤减，然后随着 K 值的继续增大而趋于平缓，也就是说 J 和 K 的关系图是一个手肘的形状，而这个肘部对应的 K 值就是数据的真实聚类数。基于排列熵序列的 K－means 法聚类分析所得 $J-K$ 图如图 7.7 所示，K－means 法聚类流程如图 7.8 所示，由图 7.7 可知，最优聚类数的值为 3。

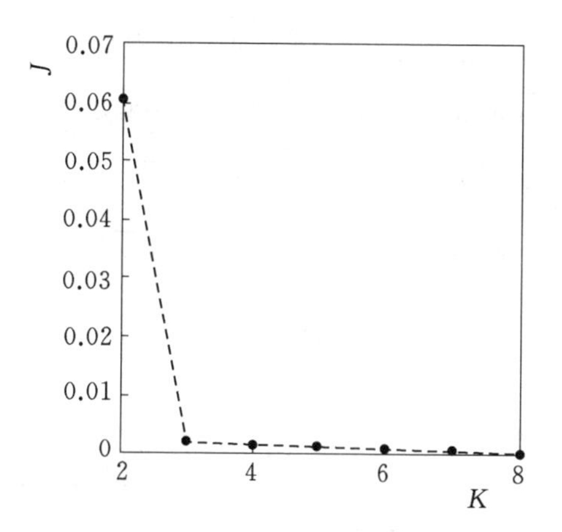

图 7.7 聚类误差（J）-聚类数（K）图

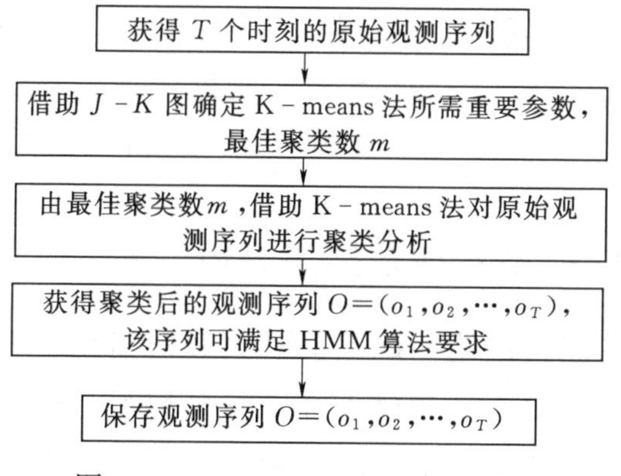

图 7.8 K－means 法聚类流程图

2. HMM 学习方法计算

HMM 算法的具体流程如下：

（1）取 $n=0$，初始参数 $\lambda^{(0)}=[A^{(0)},B^{(0)},\pi^{(0)}]$，将 T 个时刻的数据 $X=(x_1,x_2,\cdots,x_T)$和初始参数作为输入数据。

（2）取 $n=1$，2，…，m，将观测数据 X 和模型参数 $\lambda^{(m)}=[A^{(m)},B^{(m)},\pi^{(m)}]$代入式（7.50）、式（7.51）和式（7.52）中，计算出 $a_{ij}^{(m+1)}$、$b_j^{(m+1)}$（k）、$\pi_i^{(m+1)}$。

（3）取 $n=1$，2，…，n，继续迭代，当模型参数不在发生变化时，输出最佳模型参数 $\lambda^{(n+1)}=[A^{(n+1)},B^{(n+1)},\pi^{(n+1)}]$。

HMM 算法的流程图如图 7.9 所示。

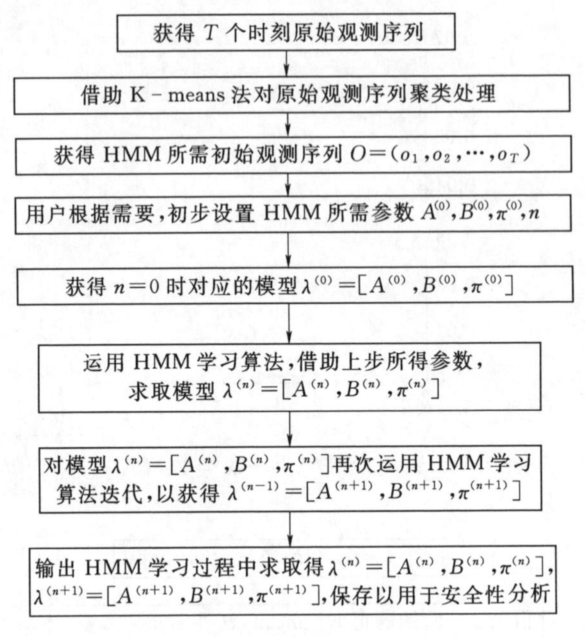

图 7.9　HMM 算法流程图

7.3.4　HMM 模型实现及结果分析

渡槽损伤诊断目的是明确当前时刻渡槽损伤状态，为预防和维护提供决策依据，以实现渡槽工程的安全运行。在实际渡槽的监测过程中，大量的监测数据没有得到很好的利用，因此，通过充分挖掘对渡槽损伤有影响的数据并结合专家经验可以更好地对渡槽损伤状态进行诊断评估。

本节取两列融合后数据，求取其排列熵序列并借助上节介绍的 K－means 法对排列熵序列进行聚类，此步骤可获得两组 HMM 学习算法所需的观测序列。获得观测序列后，以其中一组为训练模型，训练 HMM 所需参数，另一组以训练后参数为依据，进行 HMM 损伤状态判断。

1. 聚类分析

将信息融合后数据输入模型中，输入聚类个数为 3，将观测排列熵原始数据按照熵值大小分为三级，K－means 算法得到的结果如图 7.10 所示。

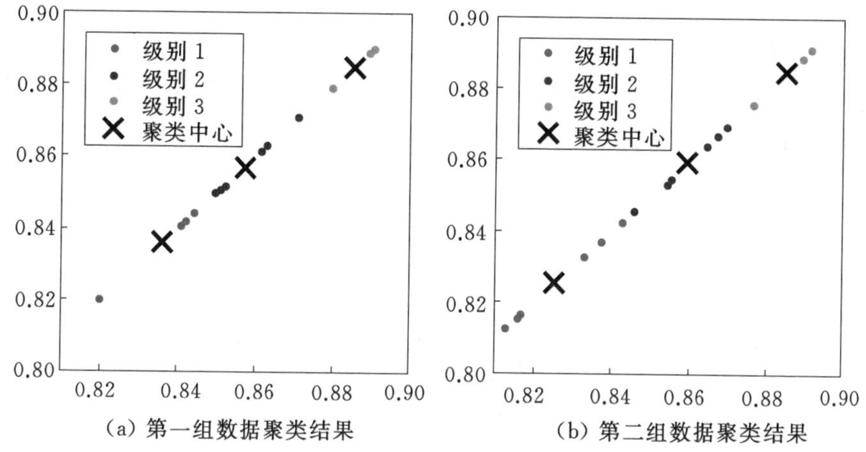

(a) 第一组数据聚类结果　　(b) 第二组数据聚类结果

图 7.10　K－means 算法聚类结果

由分类结果图知，质心的最终位置在图上用黑色×表示，对该数据集的点基本分为三类，模型的聚类效果较为理想。观测排列熵原始数据输出结果见表 7.3，1 表示排列熵值为一级，2 表示排列熵值为二级，3 表示排列熵值为三级。表中所示输出结果即为 HMM 模型所需观测序列 $O=(o_1,o_2,\cdots,o_T)$。

表 7.3　　观测数据输出结果

(a) 第一组数据聚类数据输出表

时刻 t	1	2	3	4	5	6	7	8	9	10
排列熵	0.89	0.89	0.84	0.88	0.87	0.85	0.85	0.83	0.88	0.82
结果	3	3	1	3	2	2	2	1	3	1
时刻 t	11	12	13	14	15	16	17	18	19	20
排列熵	0.84	0.85	0.86	0.84	0.85	0.84	0.86	0.86	0.83	0.85
结果	1	2	2	1	2	1	2	2	1	2

(b) 第二组数据聚类数据输出表

时刻 t	1	2	3	4	5	6	7	8	9	10
排列熵	0.89	0.86	0.89	0.87	0.89	0.84	0.85	0.83	0.82	0.87
结果	3	2	3	2	3	1	2	1	1	2
时刻 t	11	12	13	14	15	16	17	18	19	20
排列熵	0.81	0.85	0.88	0.88	0.85	0.84	0.88	0.82	0.82	0.89
结果	1	2	3	3	2	1	3	1	1	3

2. 模型参数训练

根据上节介绍的HMM算法，可初步构建渡槽损伤诊断HMM模型以实现对长岗坡渡槽工程的损伤诊断。损伤诊断各状态及状态间转变路径如图7.11所示。

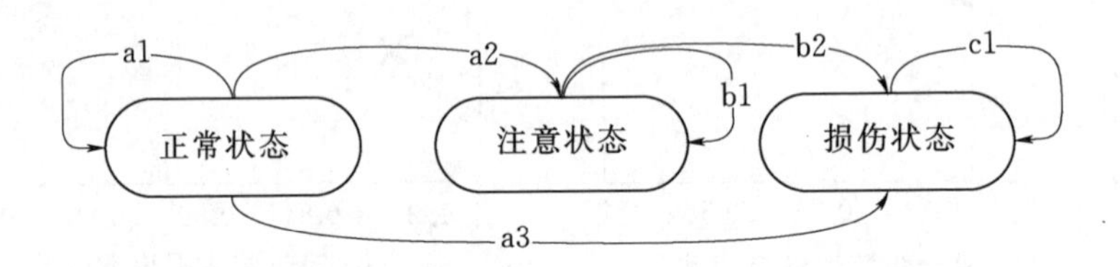

图7.11 损伤诊断各状态及状态间转变路径

在渡槽诊断HMM模型中，渡槽损伤状态数为3，分别为正常、注意和损伤状态，观测状态数为3，按照排列熵值从小到大分为三级。通过咨询专家工程经验，当T时刻渡槽损伤状态为正常，则$T+1$时刻渡槽状态大概率为正常，所以初步假设$T+1$时刻渡槽是正常的转移概率为0.8，渡槽状态需要注意的概率为0.15，渡槽发生损伤的概率为0.05；同理，参考拓扑图，可以对不同损伤状态对应的初始状态概率A_{ij}和观测状态概率进行估计，并得出模型的初始转移概率矩阵$\boldsymbol{A}^{(0)}$。由文献可知，初始观测状态概率$\boldsymbol{B}^{(0)}$、初始状态分布$\boldsymbol{\pi}^{(0)}$通常设定为各状态平均分布。如式（7.56）所示。

$$\boldsymbol{A}^{(0)}=\begin{bmatrix}0.8 & 0.15 & 0.05\\ 0 & 0.6 & 0.4\\ 0 & 0 & 1\end{bmatrix}\quad \boldsymbol{B}^{(0)}=\begin{bmatrix}1/3 & 1/3 & 1/3\\ 1/3 & 1/3 & 1/3\\ 1/3 & 1/3 & 1/3\end{bmatrix}$$

$$\boldsymbol{\pi}^{(0)}=[1/3 \quad 1/3 \quad 1/3] \tag{7.56}$$

由此，将表7.3中第一组观测数据结果$O_1=(o_1,o_2,\cdots,o_T)$，$\boldsymbol{A}^{(0)}$，$\boldsymbol{B}^{(0)}$，$\boldsymbol{\pi}^{(0)}$作为初始数据输入HMM算法中，借助有限次迭代误差图设置迭代次数，初步完成HMM模型的建立工作。

迭代误差计算的原理见式（7.57），结果如图7.12所示，横坐

标 n 为迭代次数，纵坐标 error 为定义的误差函数 $f(n)$ 的值。

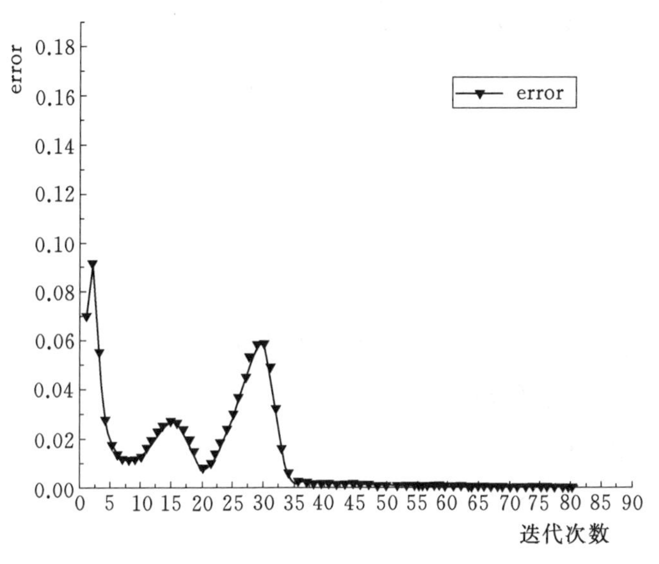

图 7.12 迭代误差计算结果

$$f(n)=\sum_{i=1}^{3}\sum_{j=1}^{3}\mid a_{ij}^{n}-a_{ij}^{n-1}\mid \tag{7.57}$$

式中：a_{ij}^{n} 为第 n 次迭代时求得转移矩阵 $\boldsymbol{A}$ 的第 i 行第 j 的值；$f(n)$ 为矩阵 $\boldsymbol{A}$ 的前后迭代对应 a_{ij} 差的绝对值之和。

由迭代结果图可知，当迭代次数 n 处于 0～35 时，误差函数 $f(n)$ 的值随着迭代次数的增加出现较大的波动；当迭代次数 $n=40$ 时，误差函数 $f(n)$ 的值开始趋近于 0，当迭代次数 $n=60$ 时，误差函数 $f(n)$ 的值稳定为 0，此时模型处于稳定状态，得到状态转移矩阵 $\boldsymbol{A}^{(n)}$、观测状态矩阵 $\boldsymbol{B}^{(n)}$、状态分布 $\boldsymbol{\pi}^{(n)}$。

$$\boldsymbol{A}^{(n)}=\begin{bmatrix}0.526 & 0.474 & 0\\ 0 & 0.601 & 0.399\\ 0 & 0 & 1\end{bmatrix},\quad \boldsymbol{B}^{(n)}=\begin{bmatrix}0.25 & 0 & 0.75\\ 0 & 1 & 0\\ 0.43 & 0.5 & 0.07\end{bmatrix},$$
$$\boldsymbol{\pi}^{(n)}=[0.35 \quad 0.42 \quad 0.23] \tag{7.58}$$

借助 HMM 的维特比方法反求隐状态序列后，其训练精确的

$MAPE$ 值为0.133，大于0.1，故调整初始参数

$$\boldsymbol{A}^{(0)}=\begin{bmatrix}0.663 & 0.312 & 0.025\\ 0 & 0.601 & 0.399\\ 0 & 0 & 1\end{bmatrix},\quad \boldsymbol{B}^{(0)}=\begin{bmatrix}1/3 & 1/3 & 1/3\\ 1/3 & 1/3 & 1/3\\ 1/3 & 1/3 & 1/3\end{bmatrix},$$

$$\boldsymbol{\pi}^{(0)}=[1/3 \quad 1/3 \quad 1/3] \tag{7.59}$$

需要注意的是，再次训练时，作为训练初值的初始观测状态概率 $\boldsymbol{B}^{(0)}$、初始状态分布 $\boldsymbol{\pi}^{(0)}$ 仍需设定为各状态平均分布，以确保初值设置的合理性。

经过多次迭代，最终当 $MAPE$ 值为0.04时，得到训练合格的模型参数

$$\boldsymbol{A}^{(n)}=\begin{bmatrix}0.565 & 0.434 & 0.001\\ 0 & 0.601 & 0.399\\ 0 & 0 & 1\end{bmatrix},\quad \boldsymbol{B}^{(n)}=\begin{bmatrix}0.021 & 0.293 & 0.686\\ 0.021 & 0.468 & 0.511\\ 0.432 & 0.277 & 0.301\end{bmatrix},$$

$$\boldsymbol{\pi}^{(n)}=[0.4 \quad 0.3 \quad 0.3] \tag{7.60}$$

3. 损伤诊断

当结构运行状态不平稳甚至出现异常时，其原因较为复杂，观测变量无法准确描述该结构的运行状态，可能表示结构运行的任一状态。利用结构的监测信息建立HMM损伤诊断模型，得到与时间序列、观测序列相对应的结构运行状态的概率值，实现了定量评价结构运行状态，并能及时对结构加以维护和检修，将损伤终止于滋生初期阶段，保障结构安全运行，提高结构的经济效益。

建立HMM损伤诊断模型，首先需设置初值，借助上步骤结论，有

$$\boldsymbol{A}^{(0)}=\begin{bmatrix}0.565 & 0.434 & 0.001\\ 0 & 0.601 & 0.399\\ 0 & 0 & 1\end{bmatrix},\ \boldsymbol{B}^{(0)}=\begin{bmatrix}0.021 & 0.293 & 0.686\\ 0.021 & 0.468 & 0.511\\ 0.432 & 0.277 & 0.301\end{bmatrix},$$

$$\boldsymbol{\pi}^{(0)}=[0.4\quad 0.3\quad 0.3] \tag{7.61}$$

将表 7.3 中第二组观测数据结果 $O_2=(o_1, o_2, \cdots, o_T)$，$\boldsymbol{A}^{(0)}$，$\boldsymbol{B}^{(0)}$，$\boldsymbol{\pi}^{(0)}$输入 HMM 模型中，根据用户需要设置迭代次数，得到对应不同时刻的状态转移矩阵 $\boldsymbol{A}$，该状态转移矩阵序列为渡槽结构损伤诊断的依据。

利用计算的模型参数进行模型初始化，并将渡槽结构第二组数据对应的 20 个不同时刻损伤状态对应概率值 A_{ij} 作为输入数据，得到渡槽结构运行状态的决策结果，渡槽损伤状态动态决策结果如图 7.13 所示。

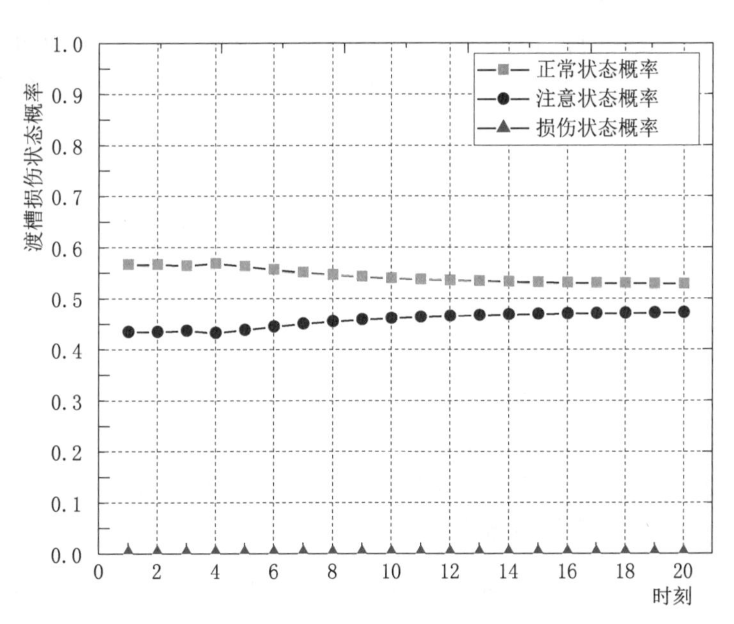

图 7.13 渡槽损伤状态动态决策结果图

由图 7.13 可知，不同时刻的决策结果呈动态变化，随着时间的不断推移，渡槽的损伤状态整体呈现向损伤发展的趋势，造成渡槽结构的运行状态发生变化。从图中可以看出，正常状态的概率值一直大于另外两状态，渡槽结构的运行状态整体处于正常水平。

通过对各个状态曲线进行分析可知，“正常”状态曲线随时间一直在下降，时刻4～8下降较快，随后逐渐平稳下降；“注意”状态曲线随时间不断上升，而后缓慢达到稳定，在时刻20概率达到最大，此时，渡槽“正常”状态概率仍明显大于“注意”状态，整体结构应处于安全状态，但为更好地保证渡槽正常稳定运行，可考虑对渡槽结构采用人工检测方法进行复查；“损伤”状态曲线则一直保持在趋近于0的状态，这说明在该时间序列中，渡槽出现损伤的概率非常小，渡槽处在安全状态；在时刻12之后，结构处于平稳运行状态，3种状态的概率基本保持不变。从整体看来，“正常”状态的概率曲线均在“注意”状态和“损伤”状态的概率曲线之上，表明渡槽结构运行状态整体处于安全水平。

HMM模型的原理是利用前一时刻的决策结果作为当前时刻的决策信息，随着时间的积累，取得的信息也增多，决策的可靠性增强，前一时刻的决策信息准确性更高，最终HMM模型决策结果更精确。

7.4　本　章　小　结

振测数据一定程度上反映结构的运行状况，在对结构安全监测中，往往在结构上布置测点，采用“点式”的监测形式，伴随时间移动导致数据海量化，单一的监测指标难以准确反映结构运行状况。信息融合技术利用自身原理的优越性可有效地解决以上难点。本章阐述了信息融合的概念，并对信息融合不同层次的分类进行描述。融合多测点特征信息，对渡槽结构的运行状态进行损伤诊断与监测：

(1) 不同测点的监测数据在整体运行过程中所占比重不同，为有效全面利用多个测点的监测数据，把多个测点的信号融合，引入方差贡献率信息融合方法。具体介绍了该算法的具体计算过程，以长岗坡渡槽结构为例，利用方差贡献率方法将监测的多测点数据进

行融合，最终结果显示，基于方差贡献率方法融合后的结果能表征结构的整体状况，融合后数据所包含的频率更丰富。

（2）不同时刻渡槽结构的运行状态不同，单一的监测指标无法全面反映结构整体的运行状态，本章建立 HMM 模型，该模型反映渡槽结构的监测数据与结构运行状态的关系。将渡槽结构不同类型的监测信息作为输入数据，得到不同时刻的动态决策结果，结果显示，渡槽结构在运行过程中整体处于安全平稳状态。

第8章 渡槽结构安全监测与振动预测

渡槽作为水工结构的关键组成部分，其运行质量对整个系统的重要性不言而喻，因此，渡槽的安全稳定备受关注。由于水力学条件的复杂性及结构自身动力特点，渡槽结构在不同运行状态下所受激励大不相同，水工结构存在不同程度的损伤累积和抗力衰减问题，进而引发安全事故。针对不利因素导致的渡槽结构损伤不易发现、检测技术不完善等问题，本书以适用性、简易性、经济性为前提，提出渡槽结构的安全监测和振动预测方法，通过在渡槽结构上布设传感器，进行结构状态的实时监测，在结构出现大幅振动时，进行及时的检查与维修，提高对渡槽结构安全经济运行的管理水平。

8.1 基于排列熵理论的安全监测技术

8.1.1 排列熵基本理论

排列熵算法（Permutation Entropy，PE）是 Christoph Bandt 等提出的一种新的动力学突变检测方法，具备计算速度快、灵敏度高、实时性高等优点，在信号突变领域有较高的利用价值。具体运算过程如下：

设一维时间序列$\{X(i);i=1,2,\cdots,n\}$，令嵌入维数为 m，延迟时间为 λ，对其进行相空间重构，得到如下形式的矩阵：

$$A=\begin{bmatrix} x_{(1)} & x_{(1+\lambda)} & \cdots & x_{[1+(m-1)\lambda]} \\ x_{(2)} & x_{(2+\lambda)} & \cdots & x_{[2+(m-1)\lambda]} \\ \vdots & \vdots & & \vdots \\ x_{(r)} & x_{(r+\lambda)} & \cdots & x_{[r+(m-1)\lambda]} \end{bmatrix} \tag{8.1}$$

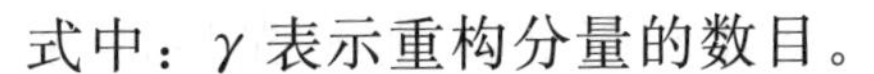

式中：γ 表示重构分量的数目。

对重构分量各元素进行升序排列，提取各元素在原重构分量中所在列的索引，构成一个符号序列，并对 x_i 各种可能出现的排列状况进行统计，可知共有 $m!$ 种符号序列。第 k 种排列状况出现的相对频率为其概率 P_k 且 $k \leqslant m!$。其排列熵公式为

$$H_{P(m)} = -\sum_1^k P_i \ln P_i \tag{8.2}$$

当 $P_i = \dfrac{1}{m!}$ 时，熵值 $H_{P(m)}$ 达到最大，令其值为 $\ln(m!)$。将上述排列熵进行归一化处理可得

$$0 \leqslant H_p = \frac{H_{P(m)}}{\ln(m!)} \leqslant 1 \tag{8.3}$$

H_P 即 PE 的值，其大小代表时间序列 $x(i)=1,2,\cdots,n$ 的随机程度，其值越小表明时间序列越规律，复杂度越小，反之表明该时间序列越具有随机性，复杂度越大。

8.1.2 多尺度排列熵

多尺度排列熵算法是在排列熵的基础上发展起来的，其改进是将一维时间序列进行多尺度粗粒化，然后计算不同尺度下粗粒化序列的排列熵即多尺度排列熵。

首先，设一维时间序列$\{X(i); i=1,2,\cdots,n\}$，对其粗粒化处理，得到以下序列：

$$y_j^{(s)} = \frac{1}{s}\sum_{i=(j-1)s+1}^{js} X(i), j=1,2,\cdots,[n/s] \tag{8.4}$$

式中：$y_j^{(s)}$ 为粗粒化序列；s 为尺度因子决定了序列的粗粒化程度，粗粒化过程中时间序列长度随尺度因子 s 的增大而相应减小，当 $s=1$ 时粗粒化序列是原始序列；$[n/s]$表示对 n/s 取整。

取嵌入维数为 m，延迟时间为 τ，对粗粒化序列 $y_j^{(s)}$ 重构可得

$$Y_l^{(s)} = \{y_l^{(s)}, y_{l+\tau}^{(s)}, \cdots, y_{l+(m+1)\tau}^{(s)}\}, l=1,2,\cdots,n(m-1)\tau \tag{8.5}$$

式中：l 表示第 l 个重构分量。

以 l_1，l_2，…，l_m 表示重构分量 $Y_l^{(s)}$ 中各元素所在列的索引，

将 $Y_l^{(s)}$ 按升序排列，若重构分量中存在相等值，则按先后顺序排列：

$$y_{l+(l_1-1)\tau}^{(s)} \leqslant y_{l+(l_2-1)\tau}^{(s)} \leqslant \cdots \leqslant y_{l+(l_m-1)\tau}^{(s)} \tag{8.6}$$

对于任意一个粗粒化序列 $y_j^{(s)}$ 都可得到一组符号序列 $s(r)=(l_1, l_2, \cdots, l_m)$，其中，$r=1, 2, \cdots, R$，且 $R \leqslant m!$。计算依据式（8.2）计算每一种符号序列出现的概率 $P_r(r=1,2,\cdots,R)$，将排列熵归一化处理可得 H_P。

综上所述，原始时间序列 $\{X(i);i=1,2,\cdots,n\}$ 经粗粒化处理后，得到 s 个粗粒化时间序列，计算每个粗粒化序列的排列熵即可得到多尺度排列熵 $H_{mp}(X)=\{H_p(1),H_p(2),\cdots,H_p(s)\}$。

8.1.3　多通道加权多尺度排列熵

1. 多尺度排列熵理论

对给定的时间序列 $\{X(i),i=1,2,\cdots,n\}$ 进行粗粒化处理，得到时间序列为

$$Y_0 = \frac{1}{s}\sum_{i=k}^{k+s-1} X(i) k = 1,2,\cdots,(n-s+1) \tag{8.7}$$

相空间重构得

$$Y_r = \{y_r^s, y_{r+\tau}^s, \cdots, y_{r+(m-1)\tau}^s\} \tag{8.8}$$

式中：r 为第 r 个重构分量，$r=1,2,\cdots,n-(m-1)\tau$，n 为正整数；τ 为延迟时间，m 为嵌入维数。

r_1，r_2，…，r_m 表示重构分量 Y_r 中各元素所在列的索引，将 Y_r 按升序排列，若重构分量 Y_r 中存在相等值，则其按先后顺序进行依次排列：

$$y_{r+(r_1-1)\tau}^s \leqslant y_{r+(r_2-1)\tau}^s \leqslant y_{r+(r_3-1)\tau}^s \leqslant y_{r+(r_4-1)\tau}^s \cdots \leqslant y_{r+(r_m-1)\tau}^s \tag{8.9}$$

相对频率 p_j 可定义为

$$p_j = \frac{\| T(Y_r)=\pi_j \|}{L}, r \leqslant L \tag{8.10}$$

其中，$L=n-(m-1)\tau$，$j=1, 2, \cdots, n$，$n=m!$；T 为模式空间

到符号空间的映射；‖·‖为集合的基数。

p^s_{*j}为每一种符号序列出现的概率，p^s_j反映粗粒化多变量时间序列中模式的分布：

$$p^s_{*j} = \sum_{i=1}^{M} p^s_j \tag{8.11}$$

$$p^s_j = \frac{\sum_{r \leqslant L} 1_{u:T=\pi_j}(Y_r) w}{Lw} \tag{8.12}$$

$$w = \frac{1}{m} \sum_{t=1}^{m} [y^s_{r+(t-1)\tau} - \overline{Y}_r]^2 \tag{8.13}$$

式中：w 为分布权重；$\overline{Y}_r$ 为 Y_r 的算数平均值，即

$$\overline{Y}_r = \frac{1}{m} \sum_{t=1}^{m} y^s_{r+(t-1)\tau} \tag{8.14}$$

多测点多权重的多尺度排列熵可定义为

$$H_{\mathrm{mwmpe}} = \sum_{j=1}^{m!} p^s_{*j} \ln(p^s_{*j}) \tag{8.15}$$

归一化处理后得

$$0 \leqslant PE = \frac{H_{\mathrm{mwmpe}}}{\ln(m!)} \leqslant 1 \tag{8.16}$$

将原始 H_{mwmpe}归一化得到 MWMPE 值，熵值越接近于 1 表明数据越复杂，随机性越大；反之，数据的复杂度与随机性越小。

2. 关于参数的选取

在 MWMPE 计算中，延迟时间 τ 和嵌入维数 m 的选取对结果有一定的影响，本书利用互信息法和伪近邻法分别确定 τ 和 m。

互信息法确定相空间重构参数 τ：与 X、Y 系统对应的离散时间序列，随着 τ 值的增加，每个 τ 的 X、Y 之间均可得到一个互信息值 $I(X, Y)$，重构时取互信息第一次达到极小值时所对应的 τ 作为最佳延迟时间。

伪近邻法确定相空间重构参数 m：嵌入维数 m 在较小状态下，相空间中各轨道相互重叠，迫使相空间中原应距离很远的点折叠在一起，此时产生伪近邻点；嵌入维数较大时，原折叠处的伪近邻点被展开；若在维数 m_0 处，伪近邻点所占百分比骤然降至 0，且该

百分比不再随 m 的变化而发生改变，此时的 m_0 为最佳嵌入维数。

3. 运行状态监测方法

基于 MWMPE 的渡槽结构运行状态安全监测步骤如下：

步骤1：在研究对象的关键位置布设传感器采集振动信息，通过上述序列长度选取的方法，得到振测数据的最佳分析长度 N。

步骤2：选取合适的尺度因子 s（一般大于10），将时间序列（振动测试数据）进行粗粒化处理。

步骤3：利用互信息法与伪近临法分别确定参数 τ 和 m。

步骤4：计算加权重后的每一种符号序列出现的概率 p^s_{*j}。

步骤5：计算各时间序列排列熵熵值 PE_1，PE_2，…，PE_s，得到多通道加权多尺度排列熵 MWMPE=$\{PE_1, PE_2, \cdots, PE_s\}$，以其均值 MWMPE=$\dfrac{PE_1+PE_2+\cdots+PE_s}{s}$作为分析振动信号特性的依据。

MWMPE 的流程分为数据获取、熵值计算两部分，其中熵值计算中主要包含最佳时间序列分析长度的选取、粗粒化、参数选取、权值计算、概率计算、熵值计算等过程

8.1.4 最佳时间序列分析长度选取

基于改进多尺度排列熵的最佳振测数据分析长度的确定，主要利用熵值对系统动力学突变的敏感性，寻求同一状态下熵值较为稳定的适宜数据长度，以解决数据分析中对数据长度的选择性问题。大体可划分为以下四部分：粗粒化处理、相空间重构及参数选取、熵值计算、选取满足精度要求的序列长度。

8.1.4.1 粗粒化处理

粗粒化过程是多尺度排列熵计算中必不可少的部分，其本质为对于每个尺度因子 s，将原始时间序列划分为长度为 s 的不相重叠的窗口，计算每个窗口内数据点的均值，由所得均值构成一组新的时间序列，具体过程如图8.1所示。

传统的粗粒化方法中将原始时间序列直接除以尺度因子 s，其

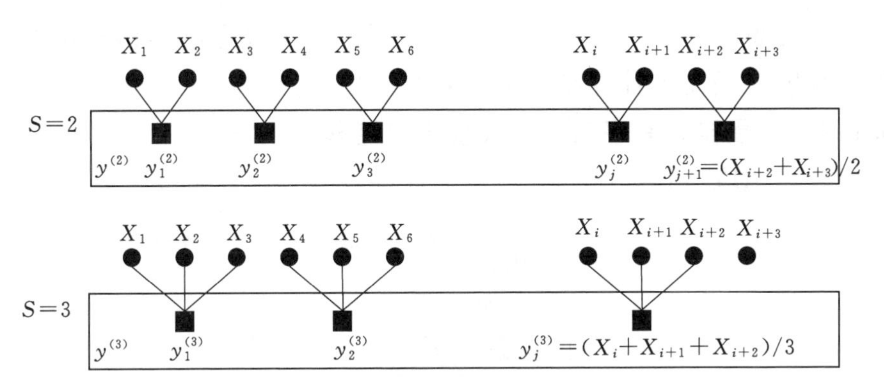

图 8.1 时间序列粗粒化过程示意图

弊端为：尺度因子 s 较大时，时间序列过短，所包含的数据点太少，导致多尺度排列熵产生不准确的估计。针对该问题，Wu 等提出了基于移动平均粗粒化过程，并将其用于样本熵计算中，在此，将这种优化的粗粒化方法应用到多尺度排列熵计算中，以提高结果的准确性，具体过程如图 8.2 所示，步骤如下：

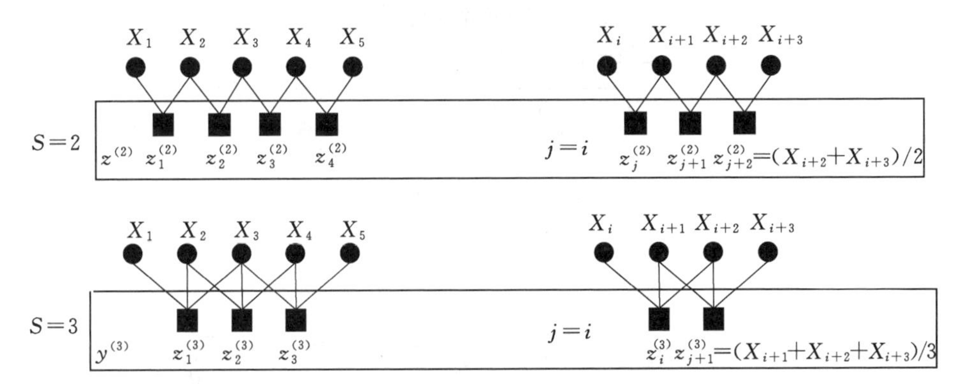

图 8.2 改进的粗粒化过程示意图

在给定的尺度因子 s 上，通过移动平均得到对应的粗粒化序列，公式如下：

$$z_j^{(s)}=\frac{1}{s}\sum_{i=j}^{j+s-1}X(i),j=1,2,\cdots,(n-s+1) \tag{8.17}$$

此时，粗粒化之后序列长度为 $(n-s+1)$，若取原始时间序列长度 $n=600$，$s=15$，改进后粗粒化方法得到的最短粗粒化序列长度为 586，而原始粗粒化方法得到的最短粗粒化序列长度为 40。因此，针对短时间序列在大尺度上的熵值计算，改进后的粗粒化方式很大程度上提高了计算结果的有效性。

8.1.4.2　最佳时间序列分析长度选取流程

具体选取流程如图 8.3 所示，详细步骤如下：

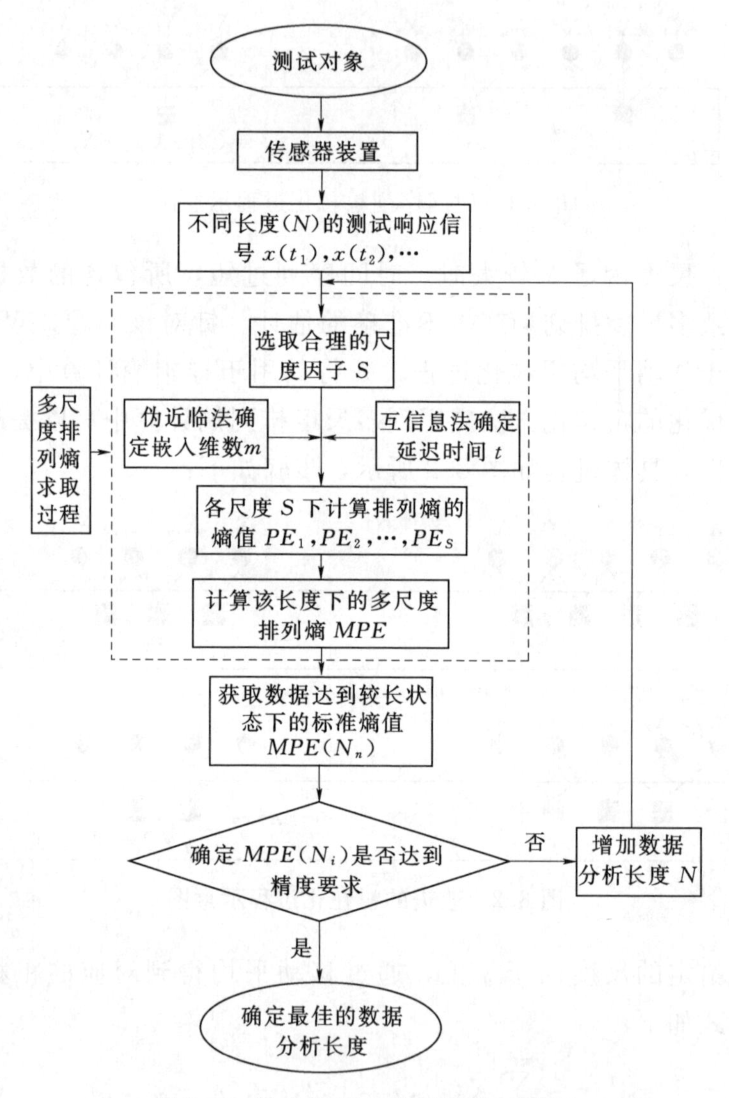

图 8.3　数据分析长度的选取流程图

(1) 在所测结构的关键位置布设传感器装置，获取结构的振测数据$\{X(i);i=1,2,\cdots,n\}$；n 为正整数。

（2）提取不同长度 N 的数据信息，并选取合适的尺度因子 S，将振测数据粗粒化处理，在给定的尺度因子 S 上，通过移动平均得到对应的粗粒化序列 $z_j^{(s)}$。

（3）利用伪近临法与互信息法分别确定各粗粒化后数据的相空间重构参数 m、τ，并进行相空间重构。

（4）计算粗粒化后各时间序列的排列熵熵值 PE_1，PE_2，…，PE_S，得到多尺度排列熵 $MPE_S=\{PE_1, PE_2, \cdots, PE_S\}$，并以多尺度排列熵的均值 MPE 作为衡量振测数据复杂度的依据，其中 $MPE=\dfrac{PE_1+PE_2+\cdots+PE_S}{S}$。

（5）计算同一振动状态下，不同长度 N 振测数据的多尺度排列熵均值 $MPE(N_1)$，$MPE(N_2)$，…，$MPE(N_i)$，…，$MPE(N_n)$，此时数据长度 N 值越大，熵值 MPE 越趋于某一固定值，在此以数据达到一定长度即 $MPE(N_n)-MPE(N_{n-1})\approx 0$ 为止，并以 $MPE(N_n)$ 作为标准熵值，$MPE(N_n)$ 所对应的数据长度 N_n 作为标准数据长度 N。

（6）将 $MPE(N_1)$，$MPE(N_2)$，…，$MPE(N_i)$，…，$MPE(N_n)$ 分别与 $MPE(N_n)$ 进行比较，选出满足精度要求的 $MPE(N_i)$，即满足：$MPE(N_i)\geqslant 97\% MPE(N_n)$，则 $MPE(N_i)$ 所对应的最短数据长度定义为振测数据最佳分析长度。

8.1.5 实验验证

为得到长岗坡渡槽在不同工况下的最佳振测数据分析长度，以在工况 3、工况 4 中获取的振动信息为例进行研究，展示信号熵值随序列长度的变化情况。

图 8.4 为长岗坡渡槽在工况 3、工况 4 两种工况下的信号熵值变化曲线，针对各工况均选取了 $N=200$、500、1000、2000、3000、4000 等 6 种不同的序列长度。从图中可以看出：各状态下信号熵值各不相同，但工况 4 均比工况 3 时所测熵值小很多；随数据长度的增加熵值都呈现出递增到平稳的趋势，当数长度增加到一定

程度时，熵值变化几乎为零，与白噪声信号呈现的规律一致。从而说明：利用多尺度排列熵对信号分析长度进行选取是切实可行的，此外，多尺度排列熵在表达结构状态与振动关系上也是行之有效的。计算结果为：各工况下数据长度 $N=3000$ 时熵值均达到稳定状态，分别对应熵值为 0.958、0.965，依据精度要求选出的最佳数据分析长度均为 $N=2000$，故而，压力管道振测数据的最佳分析长度 $N=2000$。

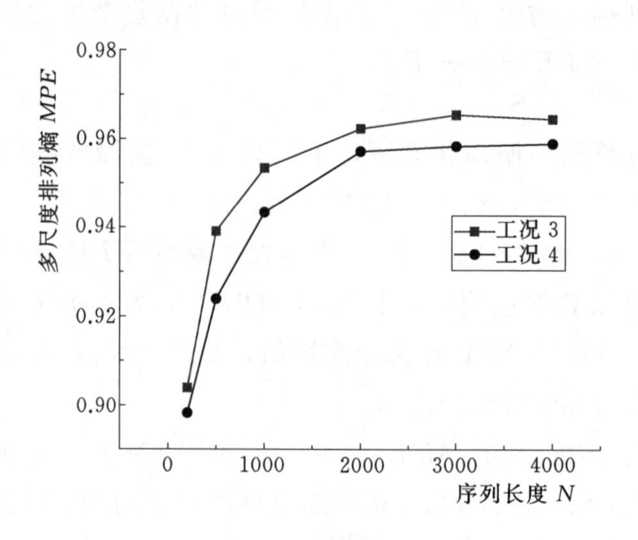

图 8.4　不同工况的熵值变化曲线

数据长度决定了信号的丰富程度，振测数据越长越能反映结构自身特性，而选取数据较短会导致特征信息的丢失或不完整，降低结构检测的有效性。数据长度较短，会对信号分析结果的准确性产生较大影响，为避免状态检测中的误判现象，选择合理的数据长度成为保证分析结果正确与否的重要环节。

综上所述，在经过数据长度选取的基础上计算所得的熵值，比未经科学的数据长度选取上计算所得的熵值要更加准确，在进行结构的状态检测上，效果也更加明显，具有较好的工程实用性和推广价值。

8.1.6 工程实例

如 2.5.2 节工程测点布置，在渡槽结构上布置 6 个测点，共 14 个通道，IVMD－SVD 方法对不同工况下不同测点滤波的过程与 3.3 节相同，不再重复描述。为确保熵值的有效性，采用上述相同方法对参数实行改进，当 d 和 τ 不断增加，对应的纵坐标值逐渐趋于 0 且不再变化，此时对应的 d 和 τ 即为最佳参数取值。经过计算可知，三种工况下的 d、τ、s 最优值基本相同，即 $d=4$、$\tau=4$、$s=15$。图 8.5 和图 8.6 为 d 和 τ 的最佳参数图。

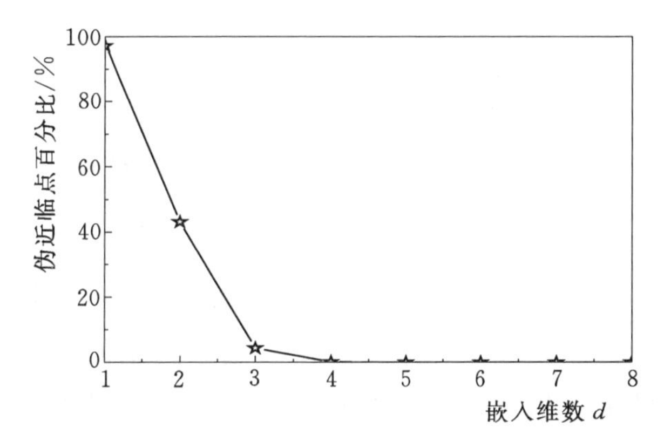

图 8.5　参数 d 的计算图

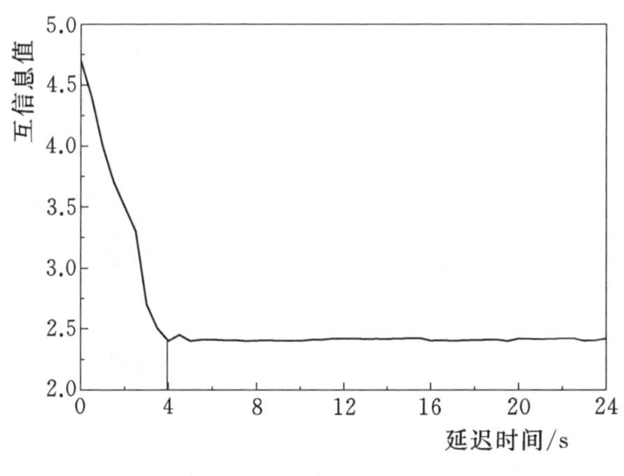

图 8.6　参数 τ 的计算图

依据不同测点处理后的新数据建立三种工况下 MWMPE 模型，

并计算出不同工况下的熵值大小，图 8.7 为不同工况下的 MWMPE 值的变化情况。

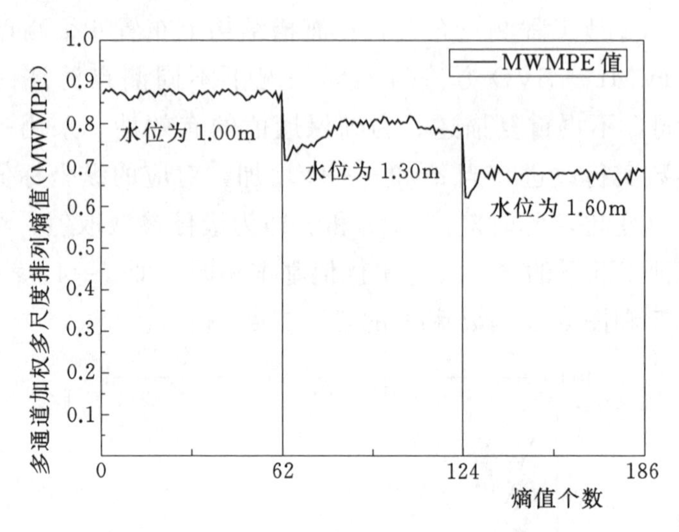

图 8.7　不同工况下 MWMPE 值

如图 8.7 可知，随着水位的升高 MWMPE 值变小，不同工况下熵值的变化区间不同，在水位变化节点处，熵值表现出明显的突变，其变化的最大值为 0.26，此时表明渡槽的振动发生变化，当水位趋于稳定时，熵值也逐渐平稳，其变化的最大值为 0.02，小于水位变化节点处熵值变化值的 1/10，说明渡槽结构振动情况比较平稳，处于安全运行状态。当水位越低时，水的流速越大，监测信号复杂性越高，所以熵值也越大，在水位转移节点处，水流对渡槽结构的影响达到最大，使得熵值发生突变，当水位趋于稳定时，信号的复杂性表现出同一水平，熵值曲线也随之平稳。可以得出结论：MWMPE 方法融合后的熵值变化曲线可全面反映结构的运行状态。

8.2　振　动　预　测

渡槽的流激振动系统是由结构与水体组成的流固耦合系统，其振动形式和机理比较复杂，实际工程中水流形态多变，建筑物形状多样，导致耦合系统的研究更加繁杂，无统一适用标准。许多渡槽

由于自身特性的原因，多种因素引起的振动产生了各种差异波长的振动，而这些不同的振动波之间发生融合后就产生了振动，加上结构的庞杂性与其所处位置特别，实测振动数据上下波动较大，波峰波谷不稳定。所以研究并找到有效算法对结构运行响应进行预测，向来是水利工程振动范畴的要点。为了保障系统的安全运行，促进其发挥最大的综合效益，对渡槽结构的振动预测至关重要。近年来，利用动力测试信号对结构工程的振动趋势预测是水利工程的热门话题，对真实信号的获取是振动趋势预测的前提，并将此信号进行泛化拟合回归，从而增加预测结果的准确性。

8.2.1 预测理论

变分模态分解（Variatronal Modal Decomposition，VMD）是由 Dragomiretskiy 提出的适用于多分量信号自适应分解的一种新方法。该方法的关键是求取最优解，经过迭代循环得到多个 IMFs。VMD 的分解过程能有效抑制模态混叠，收敛速度快，具有较高的鲁棒性。核极限学习机（Kernel Extreme Learning Machine，KELM）是一种新型的单隐含层前馈神经网络学习算法，其隐藏层不需要人为设定并利用最小二乘法进行计算输出权值。该算法不需要人工调节隐含层参数，优于传统的神经网络，收敛速度快，极大减少样本训练时间且误差较小。

基于上述分析，笔者提出一种自适应的 VMD 算法，并将其与 KELM 方法结合，建立 IVMD－KELM 模型对渡槽的振动趋势进行预测，以便准确掌握渡槽的运行状况，避免不安全的隐患，及时采取防范措施，提高渡槽振动的安全水平。

8.2.1.1 变分模态分解（VMD）

VMD 的核心包括变分约束问题与迭代求最优解两部分。本质上，VMD 采用变分约束将信号 $f(t)$ 分解，得到 k 个模态函数 $m_k(t)$，使各个 IMF 分量的带宽最小，且 k 个 IMF 分量相加结果为原信号 $f(t)$。变分约束模型表示为

$$\begin{cases} \min\limits_{m_k, w_k} \left\{ \sum_k \left\{ \left\| \partial_t \left[\left(\sigma(t) + \frac{j}{\pi t} \right) m_k(t) \right] e^{-jw_k t} \right\|_2^2 \right\} \right. \\ \sum\limits_{k=1}^{k} m_k = f \end{cases} \tag{8.18}$$

式中：$\{m_k\}=\{m_1,m_2,\cdots,m_k\}$表示分解后 k 个 IMF 分量。

为得到最优解，利用拓展的拉格朗日表达式：

$$L(m_k, w_k, \lambda) = \alpha \sum_k \left\| \partial(t) \left[\left(\delta(t) + \frac{j}{\pi t} \right) m_k(t) \right] e^{-jw_k t} \right\|_2^2 + \left\| f(t) - \sum_k m_k(t) \right\|_2^2 + \left\langle \lambda(t), f(t) - \sum_k m_k(t) \right\rangle \tag{8.19}$$

式中：$\lambda(t)$ 为拉格朗日乘子，增强约束条件的严谨性；〈·〉为内积运算。

采用对偶分解和交替方向乘子算法解决上述变分问题，不断迭代更新 m_k、w_k 与$\lambda(t)$，求取式（8.19）的鞍点，即为式（8.18）的最优解。模态分量函数 m_k 和中心频率 w_k：

$$m_k^{n+1}(w) = \frac{f(w) - \sum\limits_{i \neq k} m_i(w) + \frac{\lambda(\omega)}{2}}{1 + 2\alpha(w - w_k)^2} \tag{8.20}$$

$$w_k^{n+1} = \frac{\int_0^{\infty} w \mid m_k(w) \mid^2 dw}{\int_0^{\infty} \mid m_k(w)^2 dw} \tag{8.21}$$

8.2.1.2　自适应的变分模态分解（IVMD）

采用 VMD 分解 $f(t)$ 之前，需要预设分解模态数 K，其预设值对分解结果有直接的影响，不同结构的振动特性不同，使得 K 值难以确定。因此，采用互信息法自适应的选择 K 值，确保信号分解过程的合理性。

互信息（Mutual Information，MI）定量的反映两个随机变量间的彼此关联性，能更好地衡量两变量的相关水平。互信息表示如下：

$$I(X,Y) = H(Y) - H(Y|X) \tag{8.22}$$

式中：$H(Y)$ 为 Y 的熵；$H(Y \mid X)$ 为条件熵。

当 $I(X,Y)=0$ 时，X 与 Y 相互独立。Y 表示原始信号，X 表示分解后的 IMF，并利用式（8.23）归一化计算，进而判断原信号是否完全被分解。

$$\sigma_i=\frac{I_i}{\max(I_i)} \tag{8.23}$$

当 σ_i 低于 $\sigma=0.02$ 时，表示 IMF 分量和原信号几乎不相关，认为原信号中的有效成分全部被分解，此时结束运算。

8.2.1.3 核极限学习机（KELM）

Huang G. B. 等在 2004 年说明了原始的 ELM 算法，与传统的神经网络算法相比，ELM 计算过程简单快速且泛化能力强。因为初始化设定 ELM 的隐含层参数及权值输入的随机性，使预测结果不稳定。为此，Huang G. B. 等在 2010 年用核函数代替随机选取的映射，在 ELM 算法中融入核学习原理，从而提出了新的学习机算法即核极限学习机，该方法的收敛性强，计算速度优于 SVM 算法。KELM 问题表述如下：任意设置隐藏层节点数 L，隐藏层的输出函数为

$$h(x)=[h_1(x),h_2(x),\cdots,h_L(x)] \tag{8.24}$$

输出的权值为

$$b=[b_1,b_2,\cdots,b_L]^{\mathrm{T}} \tag{8.25}$$

输入的训练样本为

$$Z=\{(x_i,t_i)\mid x_i\in R^d,t_i\in R^m,i=1,2,\cdots,N\} \tag{8.26}$$

由标准化理论可得 KELM 的训练函数为

$$\begin{cases}\min:L_p=\dfrac{1}{2}\ \|\beta\|^2+\dfrac{1}{2}\lambda\sum\limits_{i=1}^{n}\ \|\xi_i\|^2\\ \text{s. t. }:h(x_i)\beta=t_i^{\mathrm{T}}-\xi_i^{\mathrm{T}}\end{cases} \tag{8.27}$$

式中：β 为衔接隐含层及输出层节点的权重；ξ_i^{T} 为样本 x_i 输入与输出的误差；λ 为惩罚参数；$h(x_i)$ 为样本 x_i 隐含节点的输出函数。

由 KKT(Karush - Kuhn - Tucher，KKT）原理将式（8.27）

等价为拉格朗日求解最值的问题：

$$L_p=\frac{1}{2}\ \|\beta\|^2+\frac{1}{2}\lambda\sum_{i=1}^{n}\ \|\xi_i\|^2-\sum_{i=1}^{n}\sum_{i=1}^{n}(h(x_i)\beta_j-t_{i,j}+\xi_{i,j}) \tag{8.28}$$

极限学习机的输出函数为

$$f(x)=h(x)H^{\mathrm{T}}\left(\frac{I}{\delta}+HH^{\mathrm{T}}\right)^{-1}T \tag{8.29}$$

在此引入核函数，利用核函数点乘来求解即可，该方法避免了样本数据在低维空间无法映射到高维度求解的问题。

$$\Omega_{ELM}=HH^{\mathrm{T}}:\Omega_{ELM\,i,j}=h(x_i)h(x_j)=K(x_i,x_j) \tag{8.30}$$

$$HH^{\mathrm{T}}=\Omega_{ELM}=\begin{bmatrix}K(x_1,x_1) & \cdots & K(x_1,x_N)\\ \vdots & & \vdots\\ K(x_N,x_1) & \cdots & K(x_N,x_N)\end{bmatrix} \tag{8.31}$$

$$h(x)H^{\mathrm{T}}=\begin{bmatrix}K(x,x_1)\\ \vdots\\ K(x,x_N)\end{bmatrix}^{\mathrm{T}} \tag{8.32}$$

则输出方程为

$$f(x)=\begin{bmatrix}K(x,x_1)\\ \vdots\\ K(x,x_N)\end{bmatrix}^{\mathrm{T}}\left(\frac{I}{C}+\Omega_{ELM}\right)^{-1}T \tag{8.33}$$

选取高斯径向基核函数作为 KELM 中的核函数：

$$K(x,z)=\exp(-\gamma\ \|x-z\|^2) \tag{8.34}$$

此时，KELM 的关键在于对参数 C 和 γ 的寻优问题，采用粒子群优化（Particle Swarm Optimization，PSO）算法对参数进行寻优，避免人工选取参数的缺点，使预测结果更加精确。PSO 算法的重点是分别运用速度公式

$$v_{id}(t+1)=wv_{id}(t)+c_1r_1[p_{id}-x_{id}(t))+c_2r_2(p_{gd}-x_{id}(t)]$$

和位置公式

$$x_{id}(t+1)=x_{id}(t)+v_{id}(t+1)$$

得到粒子新的速度及位置。

式中：w 为权重参数，一般从 0.9 到 0.4 递减；c_1、c_2 为学习因子，一般 $c_1=c_2=2$。

通过 PSO 对 KELM 中的 C 和 γ 参数进行寻优，利用式（8.35）求出最佳的一组参数，并将最优参数代入式（8.33）和式（8.34），即为最终的模型公式。

$$f(x)=\sqrt{\frac{1}{n}\sum_{i=1}^{n}(y_i-y'_i)^2} \tag{8.35}$$

式中：y_i 为实测值；y'_i 为预测值；n 为训练集。

8.2.2 工程实例

8.2.2.1 振动趋势预测

为得到渡槽结构振动信号更精确的预测结果，采用 IVMD 将原始信号分解，建立 IVMD－KELM 预测模型，关键步骤如下：

（1）根据原始观测数据，利用 IVMD 方法处理原始信号，依据互信息准则确定分解模态数 K，并将信号 $f(t)$ 分解为 k 个 IMF 分量。

（2）构建各 IMF 对应的 KELM 模型，选取各 IMF 数据作为模型的训练集和预测集，对各 IMF 分量进行训练预测。

（3）将渡槽中各测点对应的 IMFs 预测值相加重构，即为最终渡槽各测点振动的预测结果。

渡槽测点布置如 2.5.3 节所述，因渡槽为对称结构，且测点均匀对称分布，本次预测选取测点 2、3、5、9 为分析对象。振动监测数据共 4 组，为使预测结果更加全面准确，每 100 个数据点选取 50 个，每组各取 4096 个数据点，前 3000 个为训练样本数据，余下 1096 个为预测数据。以 5 号测点为例，监测数据的预测结果对比如图 8.8 所示（为了更加直观地观察结构振动趋势，振幅图每隔 25 个时间间隔取点画图，取前 160 组数据）。

8.2.2.2 KELM 模型预测结果及对比

采用 KELM 模型对 IVMD 分解得到的各 IMF 分量进行预测分析，并将各测点对应的预测值相加重构，获得各测点预测结果。为验证 IVMD－KELM 模型的有效性，将其分析结果与 KELM 模型、

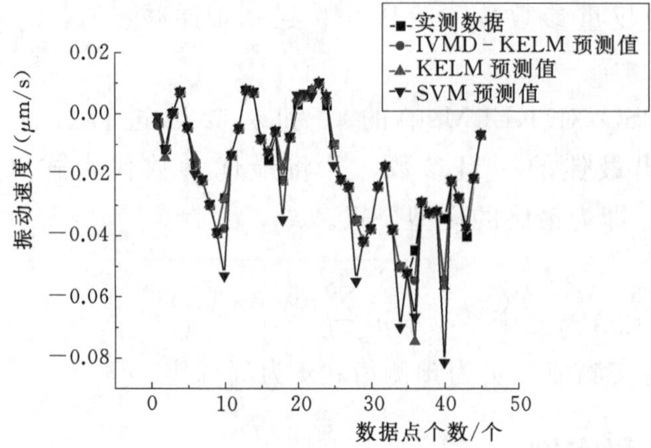

(a) 2 号测点实测数据和预测结果对比图

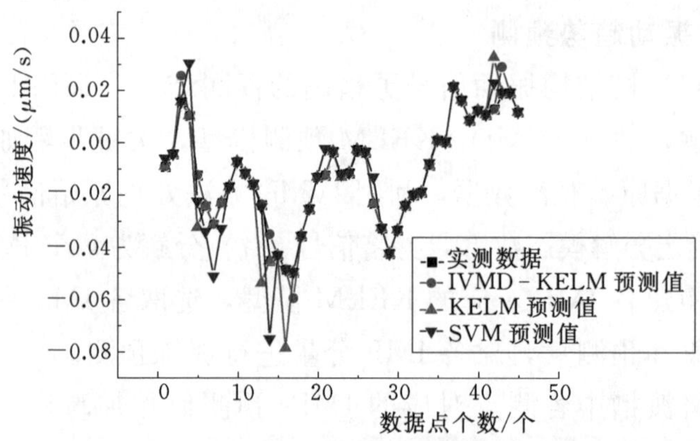

(b) 3 号测点实测数据和预测结果对比图

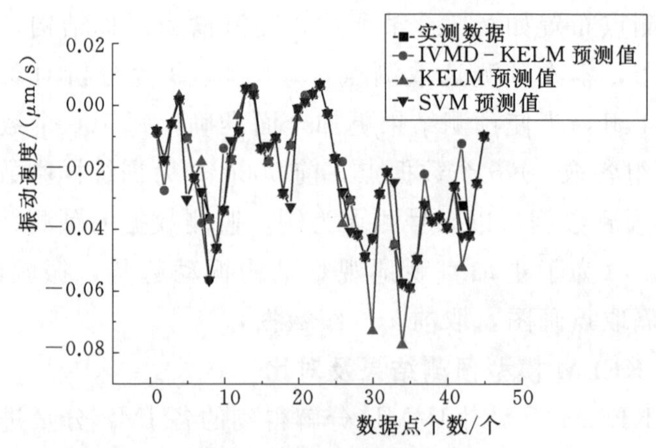

(c) 5 号测点实测数据和预测结果对比图

图 8.8（一）　各测点预测结果对比图

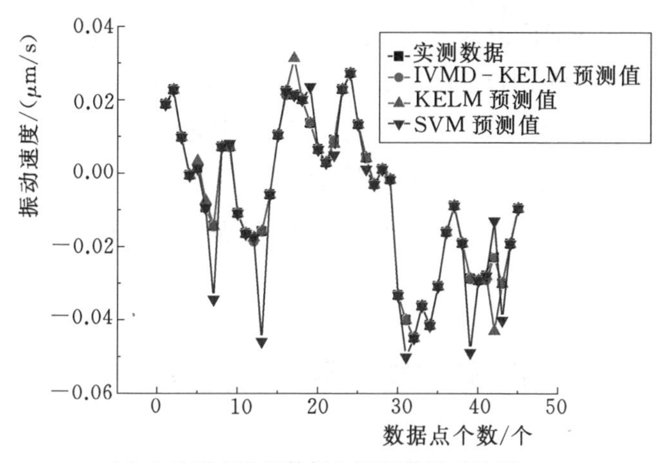

(d) 9 号测点实测数据和预测结果对比图

图 8.8（二） 各测点预测结果对比图

SVM 模型相比并进行分析，其中 KELM 模型和 SVM 模型直接对水闸的原始振动序列进行预测。为了保证对比结果的准确性和有效性，三种预测模型中的核函数均为高斯径向基核函数，模型中的参数均采用 PSO 优化。

从图 8.8 中的预测结果来看，三种模型的振动预测结果与实测信号的吻合程度均在可接受范围内，且在预测过程中，KELM 模型预测速度比 SVM 模型更快。为了更加科学客观地对预测结果进行分析，本书引用均方根误差（Root Mean Squared Error，RMSE）和平均相对误差（Mean Relative Error，MRE）两种评价指标对模型预测结果进行定量分析（见表 8.1）。

表 8.1 三种模型预测结果的 RMSE 与 MRE 指标值对比

测点	RMSE/%			MRE/%		
	IVMD－KELM	KELM	SVM	IVMD－KELM	KELM	SVM
2	0.122	0.324	0.298	6.1	11.2	10.9
3	0.155	0.229	0.304	7.9	11.3	11.9
5	0.232	0.535	0.581	8.2	18.2	19.2
9	0.318	0.561	0.614	8.6	21.3	21.9

RMSE与MRE值越小，表明预测效果越好。从表8.1的对比结果可以看出，IVMD-KELM模型预测的RMSE与MRE结果均小于KELM、SVM预测模型，IVMD-KELM预测结果的MRE均控制在10%以内，整体预测数据和实际数据误差在接受范围之内。结果表明本书方法适用于渡槽结构振动预测，且工程实用性更强。

8.3　本　章　小　结

结合渡槽结构振动实测数据，将IVMD方法与KELM联合，建立IVMD-KELM模型，预测渡槽结构振动趋势，并与KELM模型和SVM模型的预测值对比分析，结果如下：

(1) 基于IVMD-KELM模型得到各测点的预测值与实测值较为吻合，RMSE最大为0.318，MRE最大为8.6%。与KELM、SVM预测模型对比分析，IVMD-KELM模型对渡槽振动趋势的预测较为理想。

(2) 利用互信息法定量的确定K值大小，并采用IVMD算法将水闸结构振动信号较好的分离成k个IMF分量；KELM利用最小二乘法可直接求出输出层所需要的权值，节省大量的训练样本时间，具有强大的泛化性能，在预测过程中，KELM模型显然比SVM模型的预测速度快。与单一的KELM模型相比，IVMD-KELM预测模型大幅度降低了振动信号复杂因素的干扰，各IMF分量能更好地反映渡槽结构的振动情况，提高了渡槽结构运行的安全水平。

参 考 文 献

[1] 李遇春，楼梦麟. 强震下流体对渡槽槽身的作用 [J]. 水利学报，2000，31 (3)：46-52.

[2] 刘晶波，李彬. 三维黏弹性静-动力统一人工边界 [J]. 中国科学 (E辑)，2005，35 (9)：966-980.

[3] 杜修力，赵密，王进廷. 近场波动模拟的人工应力边界条件 [J]. 力学学报，2006，38 (1)：49-56.

[4] 刘云贺，张伯艳，陈厚群. 拱坝地震输入模型中黏弹性边界与黏性边界的比较 [J]. 水利学报，2006，37 (6)：758-763.

[5] 刘军. 混凝土损伤本构模型研究及其数值实现 [D]. 大连：大连理工大学，2012.

[6] 肖诗云，林皋，李宏男. 混凝土 WW 三参数率相关动态本构模型 [J]. 计算力学学报，2004，21 (6)：641-646.

[7] 江见鲸，陆新征，叶列平. 混凝土结构有限元分析 [M]. 北京：清华大学出版社，2005.

[8] 苏怀智. 大坝安全监控感智融合理论和方法及应用研究 [D]. 南京：河海大学，2002.

[9] 徐国宾，韩文文，王海军，等. 基于 SSPSO 优化 GRNN 的水电站厂房结构振动响应预测 [J]. 振动与冲击，2015，34 (4)：104-109.

[10] 侯立群，赵雪峰，欧进萍，等. 结构损伤诊断不确定性方法研究进展 [J]. 振动与冲击，2014，33 (18)：50-58.

[11] Jianwei Zhang，Qi Jiang，Bin Ma，Yu Zhao. Signal de-noising method for vibration Signal of flood discharge structure based on combined wavelet and EMD [J]. Journal of Vibration and Control，2017，23 (15)：2401-2417.

[12] 李火坤，张宇驰，邓冰梅，等. 拱坝多传感器振动信号的数据级融合方法 [J]. 振动、测试与诊断，2015，35 (6)：1075-1082.

[13] 张建伟. 基于泄流激励的水工结构动力学反问题研究 [D]. 天津：天津大学，2009.

[14] 张建伟，练继建，王海军. 水工结构泄流激励动力学反问题研究进展 [J]. 水利学报，2009，40 (11)：1326-1332.

[15] 练继建，张建伟. 泄洪激励下高拱坝模态参数识别研究 [J]. 振动与冲击，2007，26 (12)：101-105.

[16] 练继建，张建伟，王海军. 基于泄流响应的导墙损伤诊断研究 [J]. 水力发电学报，2008，27 (1)：96-101.

[17] 李松辉，练继建. 水电站厂房结构模态参数的遗传识别方法 [J]. 天津大学学报. 2009，42 (1)：11-16.

[18] 李火坤，张建伟，练继建. 泄流条件下的溢流坝结构原型动力测试与模态参数识别 [J]. 中国农村水利水电，2009 (12)：99-105.

[19] 张建伟，康迎宾，张翌娜. 基于泄流响应的高拱坝模态参数辨识与动态监测 [J]. 振动与冲击，2010，29 (9)：146-150.

[20] 孙万泉. 泄洪激励下高拱坝损伤识别的互熵矩阵曲率法 [J]. 工程力学，2012，29 (9)：30-36.

[21] 张建伟，李火坤，练继建. 基于环境激励的厂房结构损伤诊断与安全评价 [J]. 振动、测试与诊断，2012，32 (4)：670-674.

[22] 李火坤，杨敏，陈林. 泄洪闸闸墩原型振动测试、预测与安全评价 [J]. 振动、测试与诊断，2014，35 (5)：938-946.

[23] 张建伟，朱良欢，江琦，等. 基于 HHT 方法的高坝泄流结构工作模态参数辨识研究 [J]. 振动、测试与诊断，2015，35 (4)：777-783.

[24] Yan Zhang，Jijian Lian ，Fang Liu. An improved filtering method based on EEMD and wavelet－threshold for modal parameter identification of hydraulic structure [J]. Mechanical Systems and Signal Processing，2016 (68，69)：316-329.

[25] 张辉东，周颖，练继建. 一种水电厂房振动模态参数识别方法 [J]. 振动与冲击，2007 (5)：115-118.

[26] 李成业，刘昉，马斌，等. 基于改进 HHT 的高拱坝模态参数识别方法研究 [J]. 水力发电学报，2012，31 (1)：48-55.

[27] 马斌. 高拱坝及反拱水垫塘结构泄洪安全分析与模拟 [D]. 天津：天津大学，2007.

[28] 暴振磊. EMD 及其改进算法在水工结构振动信号处理中的应用 [D]. 郑州：华北水利水电大学，2017.

[29] 侯鸽. 高坝泄流结构安全运行监测研究——以三峡工程为例 [D]. 郑州：华北水利水电大学，2019.

[30] 张建伟，江琦，赵瑜，等. 一种适用于泄流结构振动分析的信号降噪方法 [J]. 振动与冲击，2015，34 (20)：179-184.

[31] 李军，李青. 基于 CEEMDAN-排列熵和泄漏积分 ESN 的中期电力负

荷预测研究［J］. 电机与控制学报，2015，19（8）：70－80.

［32］ 张建伟，侯鸽，华薇薇，等. 基于VMD－HHT边际谱的水工结构损伤诊断［J］. 振动测试与诊断，2018，38（4）：852－858.

［33］ 刘长良，武英杰，甄成刚. 基于变分模态分解和模糊C均值聚类的滚动轴承故障诊断［J］. 中国电机工程学报，2015，35（13）：3358－3365.

［34］ 练继建，李火坤，张建伟. 基于奇异熵定阶降噪的水工结构振动模态ERA识别方法［J］. 中国科学，2008，38（9）：1398－1413.

［35］ 王海军，郑韩慈，周济芳. 水电站厂房结构密集模态识别研究［J］. 水力发电学报，2016，35（2）：117，123.

［36］ 张建伟，暴振磊，江琦，等. 基于SVD与改进EMD联合的泄流结构工作特性信息提取［J］. 应用基础与工程科学学报，2016，24（4）：698－711.

［37］ 张建伟，侯鸽，暴振磊，等. 基于CEEMDAN与SVD的泄流结构振动信号降噪方法［J］. 振动与冲击，2017，36（22）：138－143.

［38］ 何龙军，练继建. 基于距离系数-有效独立法的大型空间结构传感器优化布置［J］. 振动与冲击，2013，16：13－18.

［39］ 张多新，王清云，白新理. 流固耦合系统位移-压力有限元格式在渡槽动力分析中的应用［J］. 土木工程学报，2010（1）：125－130.

［40］ 张建伟，曹克磊，赵瑜，等. 基于流固耦合模型的U型渡槽模态分析及验证［J］. 农业工程学报，2016，32（18）：98－104.

［41］ 于通顺，练继建，柳国环，等. 黏弹性人工边界-地基-基础-塔筒风致响应特性分析［J］. 应用基础与工程科学学报，2014，22（5）：976－988.

［42］ 付杰，张建伟，王涛. 水体-结构-地基耦联的拉西瓦拱坝地震响应分析［J］. 华北水利水电大学学报（自然科学版），2018，39（5）：11－17.

［43］ 张建伟，温嘉琦，黄锦林，等. 渡槽仿真参数确定及其非线性接触风振分析［J］. 华北水利水电大学学报（自然科学版），2019，40（2）：77－83.

［44］ 段峰虎. 基于信息融合技术的水工结构损伤识别方法研究［D］. 南昌：南昌大学，2011.

［45］ 李德春，练继建，苏芳，等. D－S证据理论的改进算法及其在导墙结构损伤定位中的应用验证［J］. 水利水电科技进展，2015，35（1）：78－84.

［46］ 李火坤，刘世立，魏博文，等. 基于方差贡献率的泄流结构多测点动态响应融合方法研究［J］. 振动与冲击，2015，34（19）：181－191.

［47］ 张建伟，江琦，刘轩然，等. 基于PSO－SVM算法的梯级泵站管道振动响应预测［J］. 农业工程学报，2017，11（33）：75－81.

Abstract

Aqueduct, as a kind of leap-over space thin-walled water conveyer, is widely used in agricultural irrigation projects and cross-basin water transfer projects, which plays an irreplaceable role in realizing the optimal allocation of water resources. In the actual operation of aqueduct, the damage diagnosis and safety monitoring of aqueduct under complex working conditions have always been the focus of research. Taking "aqueduct structure-water-foundation-dynamic load" as four-in-one integrated coupling dynamic system, environment excitation aqueduct damage diagnosis and safety monitoring research are carried out based on multiple information fusion. Combined with specific engineering, from the perspective of the aqueduct vibration system input, the output response, aqueduct vibration characteristics are analyzed by digital information processing technology and modal parameter identification technology, then to explore the damage rule, and to study structural health monitoring and prediction by multivariate information fusion technology. Innovatively practical results were obtained.

This book can be read by designers, technicians and managers of water conservancy and hydropower projects, and can also be used as a reference book for teachers and students of related majors in colleges and universities.

Contents

“水科学博士文库”编后语

水科学博士是活跃在我国水利水电建设事业中的一支重要力量，是从事水利水电工作的专家群体，他们代表着水利水电科学最前沿领域的学术创新“新生代”。为充分挖掘行业内的学术资源，系统归纳和总结水科学博士科研成果，服务和传播水电科技，我们发起并组织了“水科学博士文库”的选题策划和出版。

“水科学博士文库”以系统地总结和反映水科学最新成果，追踪水科学学科前沿为主旨，既面向各高等院校和研究院，也辐射水利水电建设一线单位，着重展示国内外水利水电建设领域高端的学术和科研成果。

“水科学博士文库”以水利水电建设领域的博士的专著为主。所有获得博士学位和正在攻读博士学位的在水利及相关领域从事科研、教学、规划、设计、施工和管理等工作的科技人员，其学术研究成果和实践创新成果均可纳入文库出版范畴，包括优秀博士论文和结合新近研究成果所撰写的专著以及部分反映国外最新科技成果的译著。获得省、国家优秀博士论文奖和推荐奖的博士论文优先纳入出版计划，择优申报国家出版奖项，并积极向国外输出版权。

我们期待从事水科学事业的博士们积极参与、踊跃投稿（邮箱：103656940@qq.com），共同将“水科学博士文库”打造成一个展示高端学术和科研成果的平台。

中国水利水电出版社

水利水电出版分社

2018年4月